热带农业
与园林
常见植物

王华锋　主编

U0288487

化学工业出版社
·北京·

内容简介

植物学实习（practice of botany）属于实践教学环节的一部分，适用于农学、园艺、林学、植物保护和园林等专业。本书紧扣植物学教学大纲，结合海南省的特色植物与现实状况，介绍了植物鉴定、植物腊叶标本制作、植物切片制作、园林植物调查与识别、常见农田杂草识别、海南省热带名优水果特征与识别以及红树林湿地植物和海岸带植物生态系统考察等内容，图文并茂，以期巩固和加深读者对植物学基础理论知识的理解，培养他们发现、分析和解决学习或工作中问题的能力及实践技能。

本书可作为植物学野外实习用书供林学、生态学等相关专业的高等院校师生参考，也可供从事植物多样性以及野生植物资源研究、调查、开发、利用与管理相关的科研和工作人员使用。

图书在版编目（CIP）数据

热带农业与园林常见植物 / 王华锋主编 . 一北京：化学工业出版社，2022.11

ISBN 978-7-122-42223-1

Ⅰ.①热⋯ Ⅱ.①王⋯ Ⅲ.①热带－农业技术②热带植物－园林植物 Ⅳ.①S

中国版本图书馆 CIP 数据核字（2022）第 171223 号

责任编辑：孙高洁　刘　军　　　文字编辑：李　雪　陈小滔
责任校对：赵懿桐　　　　　　　　装帧设计：关　飞

出版发行：化学工业出版社
　　　　　（北京市东城区青年湖南街 13 号　邮政编码 100011）
印　　装：中煤（北京）印务有限公司
710mm×1000mm　1/16　印张 12　　字数 234 千字
2023 年 3 月北京第 1 版第 1 次印刷

购书咨询：010-64518888　　　售后服务：010-64518899
网　　址：http://www.cip.com.cn

定　　价：88.00 元

本书编写人员名单

主 编：

王华锋

副主编：

罗丽娟　施海涛　王　俏

参编人员：

单家林　吴金山　曾长英　张　丽

李春霞　廖　丽　韦运谢　蒋凌雁

骆　凯　于晓惠　张　瑞　柯秀蓉

郭琳媛　崔健鹏　路　洁　王宏信

前　言

　　2015 年 7 月，我从中国科学院植物研究所获得植物学博士学位后，第一次踏上海南省这块热土。当我置身于火辣辣的湿热的空气中，看到拖着长长萼片的水鬼蕉和火红的龙船花等许多奇特植物时，便深深地被这里的热带气候、滨海环境和丰富多彩的植物给吸引住了。

　　自 2015 年开始，我在海南大学从事植物学的教学和科研工作。植物学是一门和生产实际联系紧密的学科，对植物进行命名归类及用途描述和研究等是为了更好地认识和开发利用植物。海南省是全球植物多样性保护关键热点地区之一，也是我国植物多样性最为丰富的地区之一，记录有本土维管束植物 4600 多种，约占全国植物种数的 1/7，堪称全国乃至世界的"天然基因库"。海南省拥有我国种类最丰富、分布最集中、保存最完好、连片面积最大的热带雨林，也是全国唯一的岛屿型热带雨林生态系统。因此，在南繁育种、建设海南省自由贸易港和国家公园的时代背景下，海南大学作为祖国最南端的 211 大学，植物学从属双一流建设的热带作物学科，对全校的农学、植物保护、园艺、林学和风景园林等专业发挥着支撑作用。

　　植物学实习的目的是帮助读者对植物学理论和实验等课程进行融会贯通和灵活运用。为了避免经过植物学实习后，学生还不会打样方、做调查，不认识常见园林植物，不会利用工具书或相关软件对植物进行检索等问题，我在认真分析原因后，利用自己多年的教学和科研经验，组织编写了本书。

第一，已出版的植物学实习的图书中，大部分植物在海南省并没有分布，在海南省分布的典型热带植物也很少被介绍，不能满足海南大学植物学实习的教学要求。本书基于海南省植物的特点，针对植物学实习的教学要求，精选近 150 种典型热带植物，重点介绍植物拉丁名、别名、形态特征、产地及分布、应用等内容，植物科名的排序参考 APG Ⅳ。以期为培养适合海南省自贸港发展及国家公园建设的植物学人才助力，为研究植物多样性及植物资源调查、开发相关人员的工作提供参考。

第二，目前大部分植物学实习的教学模式几乎都是教学生识别植物，告诉他们植物的基本形态和分布等信息，让他们查检索表等。然而，随着人工智能软件的兴起，学生可以随时随地利用软件识别植物，因此教学重点应该逐渐转移到引导学生对植物个体、群落和植被带有相对立体的认识上。本书在介绍单一植物前，注重指导学生在植物群落上认识样方，在区域上识别植被带等，使学生在形成立体认识后，能够熟练地打样方、做调查，为以后的学习和研究打下基础。

第三，科教融合是目前植物学教学的一个重要方向。当前大部分的植物学实习教材只讲解了如何在森林或者草地生态系统中打样方，很少讲述如何在城市生态系统中进行样方设置及考虑社会经济因子、绿化管理因子等。本书融合了我在中国科学院生态环境研究中心进行有关城市植物多样性调查工作时积累的经验及实地照片，以指导学生开展实地调查活动，增强他们的实操技能，为以后参加相关工作打好基础。

本书共分七章。王华锋负责编写第一章、第二章、第三章和第七章，柯秀蓉和郭琳媛负责编写第四章和第五章，崔健鹏和王俏负责编写第六章，王华锋进行全书统稿及审读和修改。本书其他编写人员参与了部分审读或编写工作，并通过各种形式给以上具体负责编写的人员提出了宝贵的修改意见。

本书的出版得到国家自然科学基金（32160273）、三亚崖州湾科技城科技专项资助（SCKJ-JYRC-2022-83）、海南科技重点研发基金（ZDYF2022XDNY190）、海南省自然科学基金（421RC486）、海南大学自编教材资助项目（Hdzbjc2113）及华东师范大学开放基金（SHUES2021A08 和 SHUES2022A06）等资助。最后，真诚感谢海南大学杨小波教授对全书提出的宝贵建议，感谢中国科学院武汉植物园张彩飞博士的建议，感谢中国科学院华南植物园邢福武研究员的鉴定和岭南师范大学成夏岚老师的修改，感谢海南大学 2020 级农学本科生和 2021 级园艺本科生分别在海口市和儋州市的样方调查工作，也感谢 2021 级本科生黄奕凯、杨智骁对热带水果部分的参与编写工作。

由于时间仓促，本书难免有不足之处，敬请广大读者批评指正。

王华锋

2022 年 7 月

目 录

第一章　植物学野外实习与植物鉴定　/ 001

第一节　野外实习的目的、内容和要求　/ 001
第二节　野外实习的组织与管理　/ 002
第三节　植物鉴定——以鸡蛋花为例　/ 004

第二章　植物腊叶标本制作　/ 007

第一节　标本采集与制作　/ 007
第二节　标本保存、检索及使用　/ 010

第三章　植物切片制作　/ 013

第一节　实验目的　/ 013
第二节　材料与方法　/ 013
第三节　注意事项　/ 015

第四章　园林植物调查与识别　/ 017

第一节　园林植物　/ 017
第二节　园林植物的调查　/ 017
第三节　常见园林植物　/ 021

假蒟　/ 021　　　　　　　大王椰　/ 028
海芋　/ 022　　　　　　　狐尾椰子　/ 029
露兜树　/ 023　　　　　　江边刺葵　/ 030
海南龙血树　/ 024　　　　林刺葵　/ 031
剑麻　/ 025　　　　　　　鱼尾葵　/ 032
朱蕉　/ 026　　　　　　　糖棕　/ 033
霸王棕　/ 027　　　　　　棕竹　/ 034

海南山姜 / 035

红豆蔻 / 036

花叶艳山姜 / 037

大叶相思 / 038

台湾相思 / 039

宫粉羊蹄甲 / 040

凤凰木 / 041

鸡冠刺桐 / 042

紫檀 / 043

朱缨花 / 044

黄槐决明 / 045

波罗蜜 / 046

面包树 / 047

高山榕 / 048

榕树 / 049

斜叶榕 / 050

对叶榕 / 051

垂叶榕 / 052

琴叶榕 / 053

黄葛树 / 054

菩提树 / 055

印度榕 / 056

木麻黄 / 057

阳桃 / 058

木薯 / 059

红背桂 / 060

变叶木 / 061

五月茶 / 062

秋枫 / 063

斯里兰卡天料木 / 064

岭南山竹子 / 065

榄仁 / 066

使君子 / 067

大花紫薇 / 068

乌墨 / 069

大叶桃花心木 / 070

文定果 / 071

木棉 / 072

美丽异木棉 / 073

瓜栗 / 074

假苹婆 / 075

黄槿 / 076

土沉香 / 077

叶子花 / 078

长隔木 / 079

龙船花 / 080

海滨木巴戟 / 081

灰莉 / 082

黄蝉 / 083

糖胶树 / 084

长春花 / 085

鸡蛋花 / 086

夹竹桃 / 087

基及树 / 088

黄脉爵床 / 089

蓝花草 / 090

火焰树 / 091

马缨丹 / 092

花叶假连翘 / 093

草海桐 / 094

南美蟛蜞菊 / 095

华南忍冬 / 096

澳洲鸭脚木 / 097

鹅掌藤 / 098

第五章 常见农田杂草识别 / 099

第一节 农田杂草概况 / 099

第二节 常见的农田杂草 / 101

香附子 / 101

白茅 / 102

马飑儿 / 103

叶下珠 / 104

火炭母 / 105

土牛膝 / 106

莲子草 / 107

丰花草 / 108

鸡屎藤 / 109

墨苜蓿 / 110

少花龙葵 / 111

水茄 / 112

藿香蓟 / 113

鬼针草 / 114

鳢肠 / 115

金腰箭 / 116

羽芒菊 / 117

夜香牛 / 118

第六章　海南省热带名优水果特征与识别　/ 119

第一节　热带水果概况 / 119

第二节　海南省热带名优水果 / 121

番荔枝 / 123

槟榔 / 124

椰子 / 125

香蕉 / 126

食用印加树 / 127

木奶果 / 128

豆沙果 / 129

大果西番莲 / 130

巨无霸百香果 / 131

墨西哥山竹 / 132

黄金山竹 / 133

番石榴 / 134

洋蒲桃 / 135

长果番樱桃 / 136

大果番樱桃 / 137

红粉伊人树葡萄 / 138

梨榄 / 139

香椰芒 / 140

南洋橄榄 / 141

枇杷杧果 / 142

杧果 / 143

龙眼 / 144

指橙 / 145

柑橘 / 146

柚 / 147

香肉果 / 148

柠檬 / 149

仙都果 / 150

榴梿 / 151

椰柿 / 152

猴面包树 / 153

可可 / 154

大花可可 / 155

番木瓜 / 156

火龙果 / 157

蛋黄果 / 158

美桃榄 / 159

人心果 / 160

星苹果 / 161

神秘果 / 162

黑肉柿 / 163

柿 / 164

第七章　红树林湿地植物和海岸带植物生态系统考察　/ 165

第一节　红树林湿地植物　/ 165
对叶榄李　/ 166　　　　　　　　　木果楝　/ 168
海桑　/ 167　　　　　　　　　　　海马齿　/ 169
第二节　海岸带植物生态系统　/ 170

附录　植物学实习教学大纲　/ 172

参考文献　/ 175

索引　/ 177

第一章

植物学野外实习与植物鉴定

第一节　野外实习的目的、内容和要求

野外植物学实习是农学、园艺、林学、生态学和生物科学及其相关专业人才培养方案规定必须完成的教学内容，是教学计划的重要组成部分，是培养学生理论联系实际、独立分析问题和解决问题的不可或缺的一个重要教学环节。野外植物学实习与植物检索不仅能扩大和巩固学生所学的理论知识和培养学生的独立工作能力，而且可以使学生更多地认识自然界中植物的多样性，从而激发学生对学习植物分类学的浓厚兴趣。对于培养德、智、体全面发展的人才来讲，具有重要的意义。下面就植物学野外实习的目的、内容与要求做简单介绍。

一、目的

① 通过野外实习，使学生课堂所学理论知识联系实际，牢固掌握植物标本的采集、制作和鉴定的基本方法，熟悉植物专项调查的一般程序和步骤；

② 观察了解大量的野生植物，并能准确识别一定数量野生植物种类，对其生活习性、分布特点、经济和生态用途有较全面的了解；

③ 通过野外实习增强学生对植物与其环境之间的生态关系、自然生态地理等方面知识的感性认识，提高学生植物学、生态学等方面的知识水平；

④ 培养学生热爱自然、热爱科学、热爱专业、吃苦耐劳和团队协作的精神，扩大学生视野，提高综合素质。

二、主要内容

1. 植物标本采集、压制技术训练

① 掌握标本的采集、记录及压制方法；

② 每小组采集压制植物标本 200 号以上，整理出本小组标本名录及每份标本的采集记录。

2. 掌握常见植物科属的识别特征

① 认识 300 种以上野生植物，掌握所涉及植物重点科的识别特征；

② 学会运用所学分类学知识和有关工具书、检索表等，鉴定不认识的植物；

③ 熟悉植物的习性、生境，并对其应用价值有一定程度了解。

3. 植物生态环境观察

① 了解植物与环境的相互关系、植物和植被分布的规律性；

② 熟悉植物生态观察的一般方法。

三、基本要求

为了保证野外实习的顺利进行，达到预期的实习目的，圆满完成实习任务，必须向学生提出明确的要求。

1. 勤学习

在实习过程中，要求每个学生勤动手、勤动脑、勤学习，具体应该掌握下列内容：

① 掌握植物重点科的特征，认识约 200 种植物（包括苔藓植物 5 ~ 10 种、蕨类植物 10 ~ 15 种、种子植物 150 ~ 200 种）；

② 能独立运用检索表鉴定不认识的植物；

③ 掌握标本的采集、记录及压制的方法；

④ 每人压制 20 ~ 50 份优质的植物小标本。

2. 讲文明

要发扬互助友爱、尊师爱生的精神，讲文明、懂礼貌，不抢占座位和床位，把方便让给别人，把困难留给自己，照顾好集体和他人的财物。

3. 守纪律

学生必须遵守实习所在地区的规章制度，爱护保护区的一草一木，听从老师和当地干部的指导。

第二节　野外实习的组织与管理

由于每年基本上都有 2 ~ 3 个教学班的学生同时参与实习，实习队伍比较庞大。为确保实习的顺利进行，必须抓好以下三个环节。

1. 实习基地的选择

实习基地的正确选择是保证实习顺利进行的前提和基础。实习基地的选择应遵循以下几条原则：

（1）植物资源丰富　带领学生认识一定数量的植物是野外实习的目的之一，因此，在考虑实习地点的植物种类组成、植物区系状况时，还应该考虑选择植物种类丰富、区系复杂的地方作为实习基地。

（2）资料充实　对野外实习基地基础资料的收集和积累是相当重要的。基础资料一般应包括如下几个方面。①自然概况：指实习基地的地理位置、总面积、主峰海拔高度、地形地貌结构、气候因素、土壤类型等资料；②社会概况：指实习基地的演变历史、历代科学考察所积淀的资料和周围的风土人情等；③植物资源概况：指实习基地各种植物特别是高等植物的资源概况，包括植物的种类、数量、分布格局等。在有条件的情况下，适当积累、掌握一些动物资源的资料也是必要的，因为动植物之间关系密切，植物为动物提供食物和栖息的环境，而且动植物的野外实习一般是同时同地进行的。

（3）交通设施方便　在上述两条原则的基础上，应适当考虑交通、住宿饮食设施的条件。首先要考虑实习基地交通是否方便，各种交通工具搭乘转换是否方便。在选择实习地点时，如其他条件基本相同，则应优先选择交通便利的地方，这样既可满足实习的要求，又可节省人力、物力和财力。

2. 实习器材、资料的准备

实习过程中，常规的器材和资料是不可缺少的，因为这是实习能否顺利进行的必备条件。各实习小组和个人必须认真准备好下列物品。

（1）小组需带的物品　①参考书：《中国高等植物图鉴》、本地区的植物志、当地的植物名以及相关文献资料（如药用植物志、经济植物志，各种图谱等），以供鉴别植物时使用；②仪器设备：照相机（或者具有较高清晰度的智能手机）、解剖镜、便携式 GPS（或者海拔仪、罗盘仪）、望远镜、风速仪、测温仪、便携式标本烘干器、皮尺等；③采集用具：采集箱或采集袋、饭剪、高枝剪、号牌、吸水草纸、标本夹、采集记录本、丁字小镐等；④药品：主要用于新鲜肉质块茎、块根类标本的浸制。包括酒精、福尔马林、冰醋酸、亚硫酸、浓盐酸等具防腐保色作用的药品。

（2）个人需带的物品　主要包括野外实习专题资料、教科书、笔记本、记录笔、镊子、解剖针等学习用品，还有雨具、草帽、球鞋、水壶等生活必需品。

实习出发前，还应组织一次大规模的实习动员大会，向学生交代清楚实习的目的和要求、实习中预计的困难、实习中的注意事项、实习队的纪律、实习分组的名单及指导老师的情况等。只有在具有高度的条理性、组织性和纪律性的前提下，才有可能保证实习工作的顺利进行。

第三节　植物鉴定——以鸡蛋花为例

　　鉴定植物类群的重要工具是植物分类检索表，检索表是识别植物的"金钥匙"。检索表按内容可分为分科检索表、分属检索表、分种检索表等，这些检索表分别鉴定科、属、种。一般植物分类参考书中有定距式（级次式）、平行式和连续平行式三种检索表。

　　定距检索表是指检索表的每一对相对应的特征给予同一号码，并列在书页左边的一定距离处，然后按检索主次顺序将一对对特征依次编排下去，逐项列出。所属的次项向右退1字之距开始出现，因而书写行越来越短（距离书页左边越来越远），直到在书页右边出现科、属、种等各分类等级为止。这种检索表的优点是：条理性强、脉络清晰、便于使用、不易出错，即使在检索植物过程中出现错误，也容易查出错在何处，目前大多数分类著作采用定距检索表，如《中国植物志》《海南植物志》和《海南植物图志》等均采用定距检索表。

　　下面以"鸡蛋花（*Plumeria rubra* 'Acutifolia'）的分种检索表"为例，说明是怎样用"定距式"检索表来鉴定的。教师可以站在鸡蛋花树旁或采集一个带花或果的鸡蛋花枝条用实物对着学生讲（图1-1）。

图1-1　鸡蛋花的植株、叶、花和雄蕊群等结构图

首先，乔木，具乳汁或水液；无刺，稀有刺。单叶对生，花萼裂片5枚合生成筒状或钟状；雄蕊5枚，着生在花冠筒上或花冠喉部，果为蓇葖果等特征可以大致判断该科为夹竹桃科。

其次，用手机检索《中国植物志》电子版或纸版。本书介绍分属检索表，为了检索需要，属名有删减，内容根据实际情况修改。用手机检索到《中国植物志》中有关夹竹桃科的分属检索表。

最后，按照鸡蛋花的性状逐个查找以下特征。先剥开花冠基部，可以看见雄蕊离生，花药长圆形，由此可以判断是第一个1，而不是下面的1，再观察托叶，无，果实为蓇葖果，由此可以判断为第一个2，手中的这个植物应该属鸡蛋花亚科（Subfam. Plumerioicicae）。

1. 雄蕊离生或相互轻靠着在柱头上；花药长圆形或长圆状披针形，顶端钝，基部圆形；花冠裂片通常向左覆盖，稀向右覆盖
  2. 无托叶；果为浆果、核果、蒴果或蓇葖果；种子无毛或具膜翅或具小瘤状颗粒或一端被疏短缘毛或两端被长缘毛而另两侧只有一侧被短微毛（鸡蛋花亚科 Subfam. Plumerioicicae）
   3. 浆果或核果
    4. 浆果（山橙族 Trib.Melodineae）………山橙属 *Melodinus* J. R. Forst. & G. Forst.
    4. 核果（萝芙木族 Trib. Rauvolfieae）
     5. 叶互生
      6. 乔木；萼片内面无腺体；花冠高脚碟状……海杧果属 *Cerbera* L.
      6. 灌木；萼片内面有腺体；花冠漏斗状…黄花夹竹桃属 *Thevetia* L.
     5. 叶对生或轮生；乔木；花冠裂片向右覆盖
      7. 叶通常轮生，稀对生；无花盘………玫瑰树属 *Ochrosia* Juss.
      7. 叶对生；花盘具2片舌状腺体……………蕊木属 *Kopsia* B1.
   3. 蒴果或蓇葖果
      8. 蒴果，外果皮具长刺；子房由单生心皮组成，1室（黄蝉族 Trib. Allemandeae）…………… 黄蝉属 *Allemanda* L.
     8. 蓇葖果，外果皮无刺；子房由2枚离生心皮组成，2室
      9. 种子无毛或具有膜翅（鸡蛋花族 Trib.Plumerieae）
       10. 叶互生；小乔木，枝条粗而带肉质；叶大形；种子顶端具有膜翅…………鸡蛋花属 *Plumeria* L.
       10. 叶对生
        11. 直立多年生草本；花2～3朵；柱头无明显丛毛也无明显增厚部；花丝圆筒状；花药顶端无毛………长

春花属 *Catharanthus* G.Dor

          11. 蔓性半灌木；花单生；柱头有丛毛，基部有明显的环状增厚；花丝扁平；花药顶端有毛……………………蔓长春花属 *Vinca* L.

        9. 种子两端被长缘毛，而另两侧只有一侧被短微毛或一端被疏短缘毛（鸡骨常山族 Trib. Alstonieae）……鸡骨常山属 *Alstonia* R.Br.

  2. 假托叶呈针状或三角状，基部扩大而合生；蓇葖果；种子无种毛（狗牙花亚科 Subfam. Ervatamioideae）（狗牙花族 Trib. Ervatamieae）

            12. 花萼裂片卵圆形至长圆形，较薄；蓇葖长圆形，外果皮薄革质…………狗牙花属 *Ervatamia* Stapf

            12. 花萼裂片半圆形，较厚；蓇葖圆球形，外果皮厚革质…………假金橘属 *Rejoua* Gaud.

1. 雄蕊彼此互相黏合并黏生在柱头上；花药箭头状，顶端渐尖，基部具耳，稀非箭头状；果为蓇葖果；种子顶端具长种毛；花冠裂片通常向右覆盖，稀向左覆盖（夹竹桃亚科 Subfam. Apocynoidcae）

            13. 叶轮生，稀对生；花药顶端被毛呈螺旋状着生；花冠裂片无长尾状………夹竹桃属 *Nerium* Linn

            13. 叶对生；花药顶端无毛；花冠裂片通常具线状长尾………………羊角拗属 *Strophanthus* DC.

拓展练习

1. 用上述检索表鉴定出夹竹桃、黄蝉、狗牙花和海杧果等植物，学会掌握定距检索植物的方法。

2. 鉴定一种棕榈科植物或者紫葳科植物，自行编制一个棕榈科植物或者紫葳科植物的检索表。

3. 现在有哪些识别植物的智能软件？与利用志书进行植物鉴定相比，哪个方法更为科学可靠？各有何优缺点？

4. 植物的检索表有哪些类型？查找检索表的工具书有哪些？

5. 查找植物科属准确信息的网站有自然标本馆（https：//www.cfh.ac.cn/）和 Kew（https：//powo.science.kew.org/），比较下，用百度和以上两个网站查找植物科属特征的异同。

第二章

植物腊叶标本制作

植物腊叶标本又称压制标本，是教学、研究与开放展览的理想资料。标本的完整性和美观性能够对后期的教学、科研和参观等提供保障，因此，腊叶标本的规范化制作过程尤为重要。

第一节　标本采集与制作

首先，在外出采集植物前，需提前规划好本次工作的路线和时间，安排并准备好必需的物品，如干粮、水、便于携带的药品、铅笔、记录本、标本夹、枝剪、照相机等（图2-1）。其次，采集前要先拍照，照片包括生境照片、整株照片和局部照片（花或果优先）。再次，采集无虫蛀、生长状态良好的植株，尽量采集植物的花、果实或种子等生殖器官。

图2-1
植物标本夹、瓦楞板、套带和枝剪等

修剪要保留植株的主要辨认特征，大小符合台纸的尺寸，尽量美观。植物的叶、花、果实较多时，可根据实际情况修剪一部分。清洗动作要轻柔，洗去泥沙和虫卵等，防止叶子、花、果实等脱落，洗完后用吸水纸将残留的水分吸干。

首先，在标本夹上铺上一层瓦楞板和3～4层报纸或吸水纸，将标本平铺在报纸上。叶子应确保有正反两面，一般翻2～4片叶子即可。其次，压制时尽量将根、叶、花、果实等展平，不重叠。若某一部位太高，可用硬纸板将其他部位垫高。最后，若植株过大，可以折成"N"形或"V"形，也可以剪成上、中、下三段拼接，不破坏主要辨认特征即可。一份标本压制完毕后，在其上方铺3～4张吸水纸，重复以上操作，最后盖上瓦楞板和标本夹，用套带绑紧（图2-2）。

图2-2　压制标本和捆绑标本夹

　　植物的不同器官采用不同的压制方法。肉质叶片含水量较高，压制和干燥须单独进行，以免其自身水分干燥不完全而损坏其他标本。含水量较多的果实、种子等，应做好标记后与标本分开干燥，以免干燥不完全，不同种类植物器官的压制方法见表2-1，不同质地植物叶片的压制方法见表2-2。

表2-1　不同种类植物器官的压制

植物器官	压制方法	适宜物种
根	须根系：可用3～4层吸水纸直接压制	麦冬、淡竹叶、白茅等
	直根系：需用硬纸板将周围垫高	车前草、蒲公英、火炭母等
茎	茎较细小时，可用3～4层吸水纸直接压制	部分草本、藤本植物，如绞股蓝等
	茎（枝条）较粗壮时，先用硬纸板将周围垫高，再铺吸水纸	灌木、乔本植物，如五指毛桃、栀子、鸡血藤等
叶	按叶片不同质地来进行压制，详细见表2-2	见表2-2
花	直接压制，花的数量较多时，适当修剪，尽量将花瓣展开，露出花药、花丝等	鸡蛋花、月季等
	含水量较多时，将其摘下并做好记录，另外进行干燥处理	南酸枣、薜荔等
果实	果实较大时，用刀将其切成两半，用硬纸板垫高后再铺吸水纸	佛手、柠檬、枳实等
种子	种子容易脱落且较小时，将其收集并做好记录，然后单独干燥	青葙、穿心莲、鬼针草等
	种子较大时，用硬纸板将四周垫高，再铺上吸水纸	酸枣仁、枇杷等

表 2-2　不同质地植物叶片的压制

叶片质地	压制方法	适宜物种
革质、纸质	叶片较硬，要在 3 ～ 4 层吸水纸上用硬纸板先压制，再覆盖 3 ～ 4 层吸水纸	鸭脚木、薜荔等
草质、膜质	叶片较柔软，一般无需用硬纸板压制，可直接用 3 ～ 4 层吸水纸覆盖	白背叶、紫苏等
肉质	叶片含水量较大，必须与其他标本分开压制干燥，叶片较厚时可用硬纸板将叶片周围垫高	马齿苋、灰莉、土人参等

吹风机或烘箱可同时干燥多份标本，温度和时间可控；但不同质地的叶片干燥的时间和温度不同，需要分批烘干，一般使用的温度是 45℃，20 ～ 26h；此方法对革质和肉质叶片的保色效果较差。硫酸铜试剂法保色效果较好，适用于革质、纸质叶片的保色，但是不适用于膜质、草质叶片的保色（图 2-3）。

图 2-3
可进行植物标本干燥的烘箱

腊叶标本压成后固定在规格为 40cm×30cm 较硬的白色台纸上，在每份标本上要有编号和野外记录（图 2-4），记录内容包括名称、产地、生态环境（生境）、海

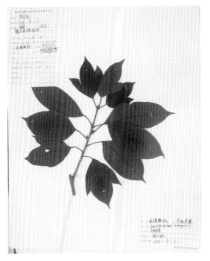

图 2-4　植物标本和采集记录

拔高度、植株高度以及叶、花、果的易变性状如颜色、香味，此外还应记录分布数量，当地土名和经济用途、采集人姓名和采集日期等，它是教学科研的重要资料。植物的科属种等信息目前常用中国自然标本馆（www.cfh.ac.cn）查找。标本排列按照被子植物系统发育系统（angiosperm phylogeny groups, http：//www.mobot.org/mobot/research/apweb/）进行。

第二节　标本保存、检索及使用

　　腊叶标本制作完成后放入植物标本馆集中统一保管，有利于长期保存，防止发生意外。植物标本馆就是植物标本收藏、制作、陈列的机构，标本馆中除了草本植物腊叶标本外，还有木材、化石、花和果实浸制标本，以及模式种和植被的照片、解剖图片及解剖切片、孢粉制片等一系列科学资料，可开展植物系统学、形态解剖学等基础理论的研究，并利用电子计算机进行标本登记、储存必要的信息和数据。植物标本馆建筑坚固耐久，有防火、防盗、防尘、防潮、防虫的完善设备和措施，能调节馆内空气的温度和湿度，使植物标本可以永久保存。为防虫、霉菌对标本的损坏，每年需定期熏药消毒 1～2 次。

　　标本馆主要有四个用途：一是鉴定标本，二是研究和编写植物志和专著的基础，三是教学用，四是保存凭证标本。持续、长期、系统地收藏、交换、研究及管理，标本馆就可以为研究某一特定类群（例如：种，属，科）的植物学相关领域的研究者和植物爱好者提供宝贵资料。借助标本馆资料，可以比对物种的学名，观察物种较完整的外表形态或性状（如枝条、叶、花、果实和种子）的变异，并归纳出某一物种的开花结果时期、地理分布范围和生育地环境等相关信息。

　　不论是植物分类研究、植物生态或资源调查、药学及生物技术等方面的研究，均须有凭证标本，以供将来查证比对之用。根据国际植物命名法规：一个新的物种首次被命名发表时，植物学家必须指定一份标本为正模式（holotype），且必须指明收藏的标本馆，以供其他学者研究（图 2-5）。

　　植物标本制成后保存在分隔的便于移动的金属标本柜内。面对如此浩繁的标本，如果没有一种检索方法，查阅一号标本就好像大海捞针，为了便于检出，标本就要依照分类系统排列。中国各大标本室常根据恩格勒系统排列，即将单子叶植物放在双子叶植物之前，再根据花构造的复杂程度排列，花构造简单的放前面，复杂的放后面。无论何种排列方式，都要按照不同的用途，对同一种标本做进一步排列。例如：为鉴定、命名新属种的模式标本的模式标本柜，所有的标本经过排列后，将所藏全部模式

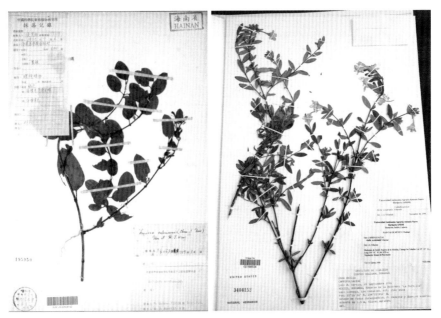

图 2-5 藏于美国国家标本馆的忍冬科植物 73113 和 3404152
左图标本采自海南

标本，包括主模式、同号模式、合模式、选模式、拟模式、同产地模式等，单独保存于专用的模式标本柜中，以判断命名的正确与否；为便于初学者应用和减少磨损，将设置经常使用的或供一般鉴定的教学用标本柜；对同一地区的标本按系统排列保存的地区性标本柜；将一些历史上重要的采集活动或一些值得纪念的人物所采的标本及其他相关资料排列在一起的历史标本柜（图 2-6）。

图 2-6 美国国家标本馆的内景

虚拟植物标本馆是把馆藏标本及相关文字和图像实现馆藏数字化，以数字化形式存储之后，将原有馆藏挂在互联网上，并通过互联网供远程用户检索、查询和利用（即网络化），它具有馆藏数字化、传递网络化、存取自由化和资源共享化等特点，因此在昆明的植物工作者如想查阅国家标本馆的某一号标本就没有必要去北京了，只需要点击键盘和轻轻一按鼠标，电脑上就能立刻显示和现实中一模一样的标本。有兴趣者请参阅中国国家标本馆的虚拟标本馆网站（www.cvh.org.cn）。

拓展练习

　　1. 如何采集一个合格完整的植物标本？

　　2. 怎么压制植物标本和制作标签？

　　3. 植物标本馆有什么用途？

　　4. 标本馆植物标本的排列一般按照什么顺序？

第三章

植物切片制作

第一节　实验目的

　　植物切片制作实验是为了让学生掌握植物切片的制作过程并观察植物的显微结构，便于掌握植物的特征进行植物分类等。临时切片技术是植物组织中常规制片技术中应用最广泛的制片方法，是观察植物形态发育和内部构造的重要技术。

　　不同植物、器官及组织制片的条件各不相同，切片的质量不仅与材料自身及实验操作相关，还与固定、脱水、切片、染色等操作和时间相关，因此应根据植物的组织结构特点选择合适的制片方法。

第二节　材料与方法

1. 实验材料
　　实验材料采自海南大学儋州校区内及周边，选取新鲜蟛蜞菊茎 [*Sphagneticola calendulacea* (L.) Pruski] 或番薯的叶柄进行临时制片（图 3-1）。

2. 主要试剂
　　无水乙醇（乙醇浓度 =99.7%）、番红、固绿，均为分析纯，由广州化学试剂厂生产；藏红 T（即番红）、固绿，均为分析纯，由国药集团化学试剂有限公司生产。

3. 主要仪器
　　光学显微镜、载玻片、盖玻片、切片刀和培养皿等。

4. 实验方法
　　将实验材料依次在从 50% 到 100% 浓度的酒精中进行脱水处理，然后在番红或固绿染料中染色。选取染色效果优良、完整切片在显微系统下进行显微观察并拍照。

图 3-1　菊科蟛蜞菊属蟛蜞菊的花部照片

5. 试剂的配制

酒精浓度按照 50%、70%、85%、95% 和 100% 梯度配制。番红用 50% 酒精配制；固绿用 95% 酒精配制。其他试剂均按照常规方法配制。

6. 取材与固定

对取下的蟛蜞菊茎或番薯叶柄立即进行分割，并迅速固定。分割要快、准，分割长度为 5 ～ 8mm，放入有 FAA 固定液的广口瓶中，并贴上标签。固定用 50mL 玻璃广口瓶，每个小瓶中放置 4 ～ 5 段茎或叶柄，固定 24h。

7. 切片与贴片

切下的薄片轻放在干净的载玻片上，光面朝下。用胶头滴管在玻片中央滴少许蒸馏水，蒸馏水的用量视情况而定。

8. 染色与封片

切片可以按照两种流程进行脱水与透明：

① 取 5 片左右置于培养皿中，滴 6 ～ 7 滴番红（半滴管），盖好培养皿，3 ～ 24h（学生可回去，或者安排其他实习内容）→ 70% 乙醇 3 ～ 5min → 80% 乙醇（实验室是 85%）5min → 95% 乙醇 5min →固绿染色 30s → 95% 乙醇 10s（绿色稍褪）→用 85% 乙醇封片即临时制片。

② 50% 乙醇 30s → 70% 乙醇 30s → 85% 乙醇 30s → 95% 乙醇 30s →无水乙醇 30s →番红染色 3 ～ 5min → 70% 乙醇 30s → 50% 乙醇 30s → 70% 乙醇 30s → 80% 乙醇 30s → 95% 乙醇 30s →固绿染色 3 ～ 5min → 95% 乙醇 30s →无水乙醇 30s →无水乙醇 30s →无水乙醇 + 二甲苯（1∶1）30s →二甲苯 30s。等待材料完全透明干燥。

9. 显微结构观察

利用显微镜对蟛蜞菊茎或番薯叶柄的结构进行观察，并通过显微成像系统软件对制作的临时切片进行拍照。

第三节 注意事项

蟛蜞菊茎及番薯叶柄的结构如图 3-2 所示。初生结构由外至内依次为：表皮、皮层及基本组织、散生的初生维管束。在老茎或叶柄中，栓化层是皮层外部细胞通过壁加厚栓化后形成的能代替表皮起保护作用的层次。皮层及基本组织由一条环带的形成层来划分。基本组织由大量排列紧密的、径向排列的、近圆形或长方形或方形的薄壁细胞组成，有的细胞中还可见草酸钙针晶束。初生外韧有限维管束大而稀疏，分布位置靠近老茎或叶柄的中央即散生于内基本组织中。次生周木有限维管束小而密，轮廓呈椭圆形或近圆形，数目众多，径向排列于外基本组织中。

针对海南省蟛蜞菊茎或番薯叶柄的结构特点，与普通的临时切片方法相比，对脱水、透明、切片、染色等环节进行了改进，提高了制片成功率和制片效率，切片质量有所提高。

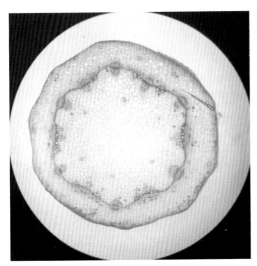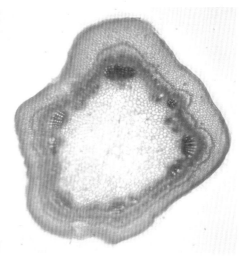

图 3-2 蟛蜞菊茎（左）和番薯叶柄（右）的横切结构照片

1. 取材与固定环节

取材时应立即对材料进行分割，有条件的应该放入有 FAA 固定液的广口瓶中。FAA 固定液具有渗透快、不使组织膨胀或收缩即能够保持原形、硬化组织的程度适中、能增加染色能力、具有保存剂的作用等特点。每个广口瓶中固定的材料不能过多，否则会相互碰撞造成组织受损，或固定不充分，以 4 ～ 5 个材料为宜。材料固定的时间至少 24h。

2. 脱水环节

脱水先用低浓度乙醇，然后递增乙醇浓度，直至无水乙醇。脱水必须在有盖的玻璃器皿中进行,防止吸收空气中的水分。在低浓度乙醇中每级停留时间不能太长,否则易使组织变软,加速材料的解体;在高浓度乙醇中每级也不能停留太长时间,否则会使组织收缩变硬,影响切片。在透明这个环节,脱水越充分,透明效果就越好。

乙醇是有毒试剂,且易挥发,因此实验时要戴上口罩、手套,使用二甲苯(透明剂)后要随时盖紧盖子,更换试剂时动作要快。根据蟛蜞菊茎或番薯叶柄的结构特点,为使实验材料在实验过程中不收缩,设计了5个乙醇浓度梯度,同时也能够保证蟛蜞菊茎或番薯叶柄彻底脱水。与传统的临时切片方法相比,缩短了脱水环节所需要的时间(每个梯度30s),但不影响后期切片的质量。

3. 切片环节

对组织进行切片时,刀片必须锋利,没有缺口,最好使用新刀片。若刀片太钝,或使组织出现伤痕,甚至使切片破碎、不完整,则会导致试验失败。

4. 染色环节

染色是利用临时切片观察和诊断的关键步骤,该过程中容易出现的问题是切片染色对比不清晰和容易脱片。染色对比不清晰有两个原因:①固绿染色太深;②番红染色不够或过深。因此,染色液的浓度要准确配制,酸碱度要适中,且不能有沉淀。染色时脱片是由组织切片在染色的系列溶液中浸泡时间较长或贴片不好造成的。染色时最好选用染色缸进行染色,可以一次对多个切片进行染色,还可以减少对切片的移动而避免脱片。

在实验过程中可以对番红的染色时间进行染色条件摸索,结果表明,番红染色10h的效果不如22h的染色效果。固绿能够迅速染色,所以3~5min即可得到具有较好染色效果的切片。

5. 封片环节

在进行封片时,要尽量缩短操作时间,避免组织长时间暴露在空气中被氧化,滴加中性树胶和用盖玻片进行封片时也要避免气泡的产生。封片时要根据材料与盖玻片的大小来评估所需蒸馏水的滴数。

拓展练习

1. 比较两种染色与封片方法的效果。
2. 植物切片的意义是什么?
3. 有条件的同学,请试试其他植物材料,如橡胶树、鸡蛋花、牛筋草等。

第四章

园林植物调查与识别

第一节　园林植物

园林植物调查与识别的目的是认识校园、公园和景区的常见观赏植物、庭院树种和园林树木，并了解园林植物的调查过程。根据《园林基本术语标准》（CJJ/T 91—2002）的描述，广义上的园林绿地指城市规划区范围内的各种绿地，包括公园绿地、生产绿地、防护绿地、附属绿地和其他绿地，但不包括屋顶绿化、垂直绿化、阳台绿化和室内绿化，以物质生产为主的林地、耕地、牧草地、果园和竹园等和城市规划中的水域。

园林植物通常指绿化效果好、观赏价值高或具有经济价值的植物，具有形体美或色彩美，适应当地气候和土壤条件，在一般管理条件下能发挥上述功能（CJJ/T91—2002）。通常包括乔木、灌木和草本植物，乔木通常指茎木质化、高大、有明显主干的木本植物；灌木通常指茎木质化、无明显主干、自基部分支的木本植物；草本通常指茎柔软，木质部不发达的植物。

第二节　园林植物的调查

园林植物的调查通常采用抽样法。抽样调查法是指从研究对象的全部单位中抽取一部分单位进行考察和分析，并用这部分单位的数量特征去推断总体的数量特征的一种调查方法。最基本的抽样方法包括简单随机抽样和分层抽样等。根据不同的调查目的应当采取不同的抽样方法和样本量，以增强样本的客观性及代表性，节约调查的人力、物力和时间。

样方是代表样地信息特征的基本采样单元，用于获取样地的基本信息。样方设计取决于样地的大小、形状和数目，园林植物调查中常用矩形样方。方精云等人

（2009）建议乔灌调查采用样方面积为 $600m^2$；城市园林绿地面积小，破碎化严重，多采用 20m×20m，包含 5 个 5m×5m 的灌木嵌套样方和 5 个 1m×1m 的草本嵌套样方（Wang et al., 2015a）。由于城市园林植物组成和分布的特殊性，很难由几块绿地中求得的最小面积对所有城市绿地进行有效调查，所以在实际操作中根据时间、成本和植物群落特征进行相应调整。通常物种越丰富的群落，设置的取样数也应越多（Alberti et al., 2005）。

　　详细的调查设计要通过调查内容及方法的设计确定植物调查的具体内容、方法及注意事项等。在外出调查之前应该设计好具体的调查内容，包括样地的情况、量化植物多样性的具体指标以及需要哪些社会经济因素（特别是需要实地观察得出的数据，如车流量需要现场计数，绿化管理因子需要当场询问绿地维护者等）。例如为获取样地中植物多样性以及社会经济因素等数据设置表 4-1，表 4-2，表 4-3，表 4-4，包括野外调查总表和乔灌草各层植物群落调查表。野外调查总表主要描述样方基本特征如经纬度样方名称、位置、面积、海拔等，以及需要调查的社会经济因素。根据

表 4-1　园林植物调查记录表

群落名称 乔 - 灌 - 草优势种	大叶桃花心木 - 朱蕉 - 藿香蓟				野外编号 （统一编号）	K4
记录者和野外调查者	彭道泽、胡斐、蔡行健、郑畋、王华锋		日期	2016 年 03 月 05 日	室内编号	K4
样地面积	20m×20m		详细 地点	海南大学艺术学院正门斜对面 50m		
GPS 定位	N：20.0592 E：110.3192	海拔高度	5m			
群落高度	2.89m			群落的总盖度	100%	
主要层优势种	乔木层：大叶桃花心木 灌木层：朱蕉 草本层：藿香蓟					
群落外貌特点	人工栽培地，群落外貌较整齐					
小地形及样地周围 环境描述	景观地 主干道距离 /m：24 车流量 /min：116 维护次数 /a：14 施肥次数 /a：5 ～ 7 浇水次数 /a：28					
分层及各层的特点	乔木层	高度	10.2m			
	灌木层	高度	0.45m			
	草本层	高度	0.9m			
备注 （之前土地利用情况）	道路					

注：数据尽可能填写全面，没有填无。

表4-2　乔木层植物群落调查表

群落名称：大叶桃花心木-朱蕉-藿香蓟；样方面积：15m×28m；野外编号：K4

调查时间：2016.03.05 08:45；记录者和野外调查者：彭道泽、胡斐、郑畋、蔡行健、王华锋

室内编号：K4

编号	植物名称	高度/m	胸径/cm	冠幅/m²	物候期	生活力	备注
1	大叶桃花心木	9	36	5.4×4	叶	活	
2	大叶桃花心木	7.2	34	3.1×3	叶	活	
3	大叶桃花心木	8.2	35	2.7×3	叶	活	
4	大叶桃花心木	10.2	35	3.4×3.6	叶	活	
5	大叶桃花心木	3.1	36	0.5×0.8	叶	活	
6	大叶桃花心木	4.2	12	1.7×3	叶	活	
7	大叶桃花心木	7.2	34	3×3.5	叶	活	
8	大叶桃花心木	7	33	2.5×2.5	叶	活	
9	大叶桃花心木	4.2	27	0.8×0.5	叶	活	
10	大叶桃花心木	7.5	32	3.1×3	叶	活	
11	鸡蛋花	2.5	12	1.5×1.8	叶	活	
12	鸡蛋花	3.8	9	1.5×1.5	叶	活	
13	斐济金棕	2	14	1.4×1.4	叶	活	
14	鸡蛋花	3.6	8	1.5×1.5	叶	活	
15	斐济金棕	2.3	16	1.5×1.5	叶	活	
16	斐济金棕	1.9	16	1.5×1.5	叶	活	

注：物候期用花、叶、果表示。

表4-3　灌丛层植物群落调查表

群落名称：大叶桃花心木-朱蕉-藿香蓟；样方面积：1m×1m；野外编号：K4

调查时间：2016.03.05 08:45；记录者和野外调查者：彭道泽、胡斐、郑畋、蔡行健、王华锋

室内编号：K4

编号	植物名称	高度/cm	冠径/cm	物候期	生活力	株数/丛数	盖度/%
1	龙船花	35	42	花	2	4	40
2	花叶假连翘	50	62	叶	2	3	30
3	朱蕉	94	48	叶	2	3	35
4	假连翘	50	83	果	2	2	10
5	龙船花	18	26	叶	1	2	5
6	假连翘	55	67	叶	1	7	50
7	假连翘	46	33	叶	2	3	10
8	龙船花	48	52	花	2	1	20
9	金叶女贞	58	43	叶	2	5	40

注：物候期用花、叶、果表示。

表 4-4 草本层植物群落调查表

群落名称：大叶桃花心木 - 朱蕉 - 藿香蓟；样方面积：1m×1m；野外编号：K4
调查时间：2016.03.05 08:45；记录者和野外调查者：彭道泽、胡斐、郑畋、蔡行健、王华锋
室内编号：K4

编号	植物名称	株高 /cm	盖度 /%	物候期	生活力	备注
1	酢浆草	2	30	叶	2	
2	地毯草	2	30	叶	2	
3	蔓菁	38	1	叶	2	
4	鬼针草	45	5	叶	2	
5	地毯草	2	15	叶	2	
6	藿香蓟	45	10	花	2	

注：物候期用花、叶、果表示；生活力中，1 表示良好，2 表示一般，3 表示较差。

乔木、灌木和草本植物不同的特征设置不同的调查表，常用来描述乔木特征的指标有植物名称、高度、胸径、冠幅、物候期和生活力，描述灌木特征的指标有植物名称、高度、冠径、物候期、生活力、株数 / 丛数、盖度，描述草本特征的指标有植物名称、株高、盖度、物候期、生活力。

贴样地照片处（至少两张，一张为景观照片，另外一张为植物的花果照片）如图 4-1。

图 4-1 城市植物样方调查的景观照片和花果照片

第三节　常见园林植物

假蒟 *Piper sarmentosum* Roxb.

别名：毕拨子、荜芨子、臭蒌。

科属：胡椒科、胡椒属。

形态特征：多年生、匍匐、逐节生根草本，长数至 10 余米。叶近膜质，有细腺点。花单性，雌雄异株，聚集成与叶对生的穗状花序。总花梗与花序等长或略短，被极细的粉状短柔毛；花序轴被毛；苞片扁圆形；雄蕊 2 枚，花药近球形，2 裂，花丝长为花药的 2 倍。总花梗与雄株的相同，花序轴无毛；苞片近圆形，盾状。浆果近球形，具 4 角棱，基部嵌生于花序轴中并与其合生。花期 4 ~ 11 月。

产地及分布：产于中国广东、广西、福建、云南、贵州及西藏（墨脱）各地区。印度、越南、马来西亚、菲律宾、印度尼西亚、巴布亚新几内亚也有分布。

应用：药用。根治风湿骨痛、跌打损伤、风寒咳嗽、妊娠和产后水肿；果序治牙痛、胃痛、腹胀、食欲不振等。

海芋 *Alocasia odora* (Roxburgh) K.Koch

别名：羞天草、隔河仙、天荷。

科属：天南星科，海芋属。

形态特征：大型常绿草本植物，叶多数，叶柄绿色或污紫色，螺状排列，粗厚，基部连鞘宽5～10cm，展开；叶片亚革质，草绿色，箭状卵形，边缘波状，幼株叶片联合较多；前裂片三角状卵形；后裂片多少圆形，弯缺锐尖。花序柄2～3枚丛生，圆柱形，通常绿色，有时污紫色。佛焰苞管部绿色，卵形或短椭圆形；檐部蕾时绿色，花时黄绿色、绿白色。肉穗花序芳香，雌花序白色，不育雄花序绿白色，能育雄花序淡黄色；附属器淡绿色至乳黄色，圆锥状，嵌以不规则的槽纹。浆果红色，卵状，种子1～2。花期四季，但在密阴的林下常不开花。

产地及分布：产于江西、福建、台湾、湖南、广东、广西、四川、贵州、云南等地。国外自孟加拉国、印度东北部至中南半岛以及菲律宾、印度尼西亚都有分布。

应用：根茎供药用，对腹痛、霍乱、疝气等有良效。

露兜树 *Pandanus tectorius* Parkinson

别名：林投、露兜簕。

科属：露兜树科，露兜树属。

形态特征：常绿分枝灌木或小乔木，常左右扭曲，具多分枝或不分枝的气根。叶簇生于枝顶，三行紧密螺旋状排列，条形，叶缘和背面中脉均有粗壮的锐刺。雄花序由若干穗状花序组成；佛焰苞长披针形，近白色，先端渐尖，边缘和背面隆起的中脉上具细锯齿；雄花芳香，雄蕊着生于长达 9mm 的花丝束上，呈总状排列；雌花序头状，单生于枝顶，圆球形；佛焰苞多枚，乳白色，边缘具疏密相间的细锯齿。聚花果大，向下悬垂，由 40～80 个核果束组成，圆球形或长圆形，幼果绿色，成熟时橘红色；核果束倒圆锥形，宿存柱头稍凸起呈乳头状、耳状或马蹄状。花期 1～5 月。

产地及分布：产于海南、福建、台湾、广东、广西、贵州和云南等地区。生于海边沙地或引种作绿篱。也分布于亚洲其他热带地区、澳大利亚南部。

应用：叶纤维可编制席、帽等工艺品；嫩芽可食；根与果实入药，有治感冒发热、肾炎、水肿、腰腿痛、疝气痛等功效；鲜花可提取芳香油。

海南龙血树 *Dracaena cambodiana* Pierre ex Gagnep.

别名：郭金帕、柬埔寨龙血树、剑叶龙血树。

科属：天门冬科，龙血树属。

形态特征：乔木状，高 3 ~ 4m。茎不分枝或分枝，树皮带灰褐色，幼枝有密环状叶痕。叶聚生于茎、枝顶端，几乎互相套叠，剑形，薄革质，向基部略变窄而后扩大，抱茎，无柄。圆锥花序长在 30cm 以上；花序轴无毛或近无毛；花每 3 ~ 7 朵簇生，绿白色或淡黄色；关节位于上部 1/3 处；下部 1/4 ~ 1/5 合生成短筒；花丝扁平，无红棕色疣点；花柱稍短于子房。浆果直径约 1cm。花期 7 月。

产地及分布：产于海南省（崖县、乐东）。生于林中或干燥沙壤土上。也分布于越南、柬埔寨。

应用：从龙血树分泌的树脂可提取中药血竭；可作为庭院绿化树种。

剑麻 *Agave sisalana* Perr.ex Engelm.

别名：凤尾兰、菠萝麻。

科属：天门冬科，龙舌兰属。

形态特征：多年生草本。茎粗短。叶基生呈莲座状，幼叶被白霜，老时深蓝绿色，常200～250枚，肉质，剑形劲直，先端直伸，具红褐色硬尖刺，叶缘无刺，稀有刺。花茎粗壮，圆锥花序大型，具多花。花黄绿色，有浓烈气味，花后生珠芽；花被裂片卵状披针形；雄蕊6，着生花被裂片基部，花丝黄色，花药丁字着生；子房长圆形，花柱纤细，柱头稍膨大。蒴果长约6cm。花期秋冬。

产地及分布：原产于墨西哥。华南、西南各地区栽培。

应用：可供制舰船绳缆、机器皮带、帆布、人造丝、高级纸、渔网等。

朱蕉 *Cordyline fruticosa* (Linn) A. Chevalier

别名：红铁树、朱竹、铁树、也门铁。

科属：天门冬科，朱蕉属。

形态特征：灌木状，直立，高 1 ~ 3m。茎粗 1 ~ 3cm，有时稍分枝。叶聚生于茎或枝的上端，矩圆形至矩圆状披针形，绿色或带紫红色，叶柄有槽，基部变宽，抱茎。侧枝基部有大的苞片，每朵花有 3 枚苞片；花淡红色、青紫色至黄色；花梗通常很短；外轮花被片下半部紧贴内轮而形成花被筒，上半部在盛开时外弯或反折；雄蕊生于筒的喉部，稍短于花被；花柱细长。花期 11 月至次年 3 月。

产地及分布：广东、广西、福建、台湾等地区常见栽培，供观赏。原产地不详，今广泛栽种于亚洲温暖地区。我国广西民间曾用来治咯血、尿血、菌痢等症。

霸王棕 *Bismarckia nobilis* Hildebr. & H.Wendl.

别名：俾斯麦棕。

科属：棕榈科，霸王棕属。

形态特征：常绿乔木，高达 20 ~ 30m，径达 40cm。基部膨大，叶基宿存。叶片扇形，掌状分裂，浅裂至 1/4 ~ 1/3，裂片间有丝状纤维；蓝绿色，被白色蜡及淡红色鳞秕，具粗壮中肋，先端浅裂二叉状，叶面具显著戟突。雌雄异株。花序圆锥状生于叶间，雌花序短粗，雄花序较长，有分枝。果球形，褐色，长 4 ~ 5cm，径约 3cm。种子 1，近球形。

产地及分布：引入我国后在华南地区栽培表现良好。原产于马达加斯加西部稀树草原地区。

应用：霸王棕为著名的观赏类棕榈。适宜孤植，列植或在宽阔的区域内群植。茎干可作建筑材料，叶作盖房材料，茎髓含淀粉可制作优良西米。

大王椰 *Roystonea regia* (Kunth) O.F.Cook

别名：大王椰子、王棕、大王棕。

科属：棕榈科，大王椰属。

形态特征：茎直立，乔木状，高 10 ～ 20m；茎幼时基部膨大，老时近中部不规则地膨大，向上部渐狭。叶羽状全裂，弓形并常下垂，叶轴每侧的羽片多达 250 片，羽片呈 4 列排列，线状披针形，渐尖，顶端浅 2 裂，顶部羽片较短而狭，在中脉的每侧具粗壮的叶脉。花序多分枝，佛焰苞在开花前像 1 根垒球棒；花小，雌雄同株，雄蕊 6，与花瓣等长，雌花长约为雄花之半。果实近球形至倒卵形，长约 1.3cm，直径约 1cm，暗红色至淡紫色。种子歪卵形，一侧压扁，胚乳均匀，胚近基生。花期3 ～ 4 月，果期 10 月。

产地及分布：我国南部热区常见栽培，树形优美。

应用：广泛作行道树和庭园绿化树种。果实含油，可作猪饲料。

狐尾椰子 *Wodyetia bifurcata*

科属：棕榈科，狐尾椰属。

形态特征：常绿乔木，茎单干，中部膨大，高达 15m，直径达 30cm；叶环痕显著。叶片长达 3m，复羽状分裂为 11 ~ 17 小羽片；小羽片先端啮蚀状，辐射状排列使叶片呈狐尾状；叶鞘形成绿色的冠茎。叶下花序，雌雄同株。果实卵形，长约6cm，红色。

产地及分布：原产于澳大利亚昆士兰，华南各地有栽培。

应用：狐尾椰子适宜三、五散植或丛植于建筑旁或路边草坪上，也可丛植、列植于路边、水边等处，具有较高的观赏价值。

江边刺葵 *Phoenix roebelenii* O'Brien

别名：美丽珍葵、美丽针葵、罗比亲王海枣、软叶刺葵。

科属：棕榈科，海枣属。

形态特征：茎丛生，栽培时常单生，高 1 ～ 3m，稀更高，径约 10cm，具宿存三角状叶柄基部。羽片线形，较软，两面深绿色，下面沿叶脉被灰白色糠秕状鳞秕，2 列，下部羽片成细长软刺。佛焰苞上部 2 裂；雄花序与佛焰苞近等长，雌花序短于佛焰苞；花序分枝细长，呈不明显 "之" 字形曲折。雄花花萼先端具三角状齿；花瓣3，披针形；雄蕊 6，雌花近卵形；花萼先端具短尖头。果长圆形，长 1.4 ～ 1.8cm，顶端具短尖头，成熟时枣红色，果肉薄，有枣味。

产地及分布：产于云南，生于海拔 480 ～ 900m 江岸边。台湾、福建、广东、香港及广西有栽培。缅甸、越南、印度有分布。可作观赏树。

林刺葵 *Phoenix sylvestris* Roxb.

别名：银海枣、橙枣椰。

科属：棕榈科，海枣属。

形态特征：乔木状，高达 16m，直径达 33cm，叶密集成半球形树冠；茎具宿存的叶柄基部。叶完全无毛；叶柄短；叶鞘具纤维；羽片剑形，顶端尾状渐尖，互生或对生，呈 2 ~ 4 列排列。佛焰苞近革质，开裂为 2 舟状瓣，表面被糠秕状褐色鳞秕；花序直立，分枝花序纤细；花序梗明显压扁；花小，无小苞片；雄花狭长圆形或卵形，顶端钝，白色，具香味；花瓣 3；花丝离生，花药线形；雌花近球形，花萼杯状，顶端具 3 短齿；花瓣 3，极宽。果序具节，密集，橙黄色；果实长圆状椭圆形或卵球形，橙黄色，长 2 ~ 2.5（3）cm，顶端具短尖头。种子长圆形，长 1.4 ~ 1.8cm，两端圆，苍白褐色。果期 9 ~ 10 月。

产地及分布：原产于印度、缅甸。福建、广东、广西、云南等地区有引种栽培，常作观赏植物。

鱼尾葵 *Caryota maxima* Blume ex Martius

科属：棕榈科，鱼尾葵属。

形态特征：乔木状，高10～15（20）m，直径15～35cm，茎绿色，被白色的毡状茸毛，具环状叶痕。幼叶近革质，老叶厚革质；羽片互生，罕见顶部的近对生，先端2～3裂。佛焰苞与花序无糠秕状的鳞秕；具多数穗状的分枝花序；雄花花萼与花瓣不被脱落性的毡状茸毛，萼片宽圆形，盖萼片小于被盖的侧萼片，表面具疣状凸起，边缘不具半圆齿，无毛，花瓣椭圆形，黄色，雄蕊（31）50～111枚，花药线形，黄色，花丝近白色；雌花花萼顶端全缘；退化雄蕊3枚，钻状，为花冠长的1/3倍；子房近卵状三棱形，柱头2裂。果实球形，成熟时红色，直径1.5～2cm。种子1颗，罕为2颗，胚乳嚼烂状。花期5～7月，果期8～11月。

产地及分布：产于海南、福建、广东、广西、云南等地区。生于海拔450～700m的山坡或沟谷林中。其他亚热带地区有分布。

应用：可作庭园绿化植物；茎髓含淀粉，可作桄榔粉的代用品。

糖棕 *Borassus flabellifer* L.

别名：扇叶糖棕、柬埔寨糖棕。

科属：棕榈科，糖棕属。

形态特征：植株高 13 ~ 20（33）m，径 45 ~ 60（90）cm。叶掌状分裂，近圆形，裂片 60 ~ 80，线状披针形，先端 2 裂；叶柄粗壮，边缘具齿状刺。雄花序分枝 3 ~ 5，每分枝掌状分裂为 1 ~ 3 小花枝；分枝花序轴略圆柱状；雄花小，多数，黄色，着生于小苞片的凹穴内；萼片 3，下部合生，花瓣较短，匙形，雄蕊 6，花丝与花冠合生成梗状，花药大，长圆形。雌花序约 4 分枝，粗壮；雌花球形，退化雄蕊 6 ~ 9。果近球形，扁，径 10 ~ 15（20）cm，外果皮光滑，黑褐色，中果皮纤维质，内果皮具 3 分果核。种子 3，胚乳角质，均匀，有空腔，胚近顶生。

产地及分布：原产于亚洲热带地区和非洲。云南有栽培。

应用：印度、缅甸、斯里兰卡、马来西亚利用粗壮花序梗割取汁液制糖、酿酒、制醋和饮料。

棕竹 *Rhapis excelsa*

别名：裂叶棕竹。

科属：棕榈科，棕竹属。

形态特征：丛生灌木，高 2～3m。茎圆柱形，有节，径 2～3cm。叶掌状，4～10 深裂，裂片条状披针形，先端平截，边缘有不规则锯齿，横脉多而明显；叶柄稍扁平，截面椭圆形。肉穗花序具 2～3 分枝，总花序梗及分枝花序梗基部各有 1 枚佛焰苞；佛焰苞管状，被棕色弯卷茸毛。花单性，雌雄异株；雄花淡黄色，无梗，成熟时花冠管伸长，花时棍棒状椭圆形；花萼杯状，3 深裂，裂片半卵形；花冠 3 裂，裂片三角形。雌花卵状球形。浆果球形，径 0.8～1cm，宿存花冠管不成实心柱状体。种子球形。花期 6～7 月，果期 9～11 月。

产地及分布：产于海南、福建、广东、香港、广西、贵州、四川及云南，生于海拔 300～500m 山地疏林中。日本有分布。

应用：南方普遍栽培作庭园观赏树；秆可作手杖和伞柄；根和叶鞘可药用。

海南山姜 *Alpinia hainanensis* K. Schum.

科属：姜科，山姜属。

形态特征：叶片带形，长 22～50cm，宽 2～4cm，顶端渐尖并有一旋卷的尾状尖头，基部渐狭，两面均无毛；无柄或因叶片基部渐狭而成一假柄；叶舌膜质，顶端急尖。总状花序中等粗壮，花序轴"之"字形，顶部具长圆状卵形的苞片，膜质，顶渐尖，无毛；小苞片顶有小尖头，红棕色；小花梗长不及 2mm；花萼筒钟状，顶端具 2 齿，一侧开裂至中部以上，外被黄色长柔毛，具缘毛；花冠管无毛；裂片喉部及侧生退化雄蕊被黄色小长柔毛；唇瓣倒卵形，顶浅 2 裂；花丝长 1.5cm，花药室长 11mm，药隔附属体长 2mm。

产地及分布：产于我国海南、广东。模式标本采自海南省。

红豆蔻 *Alpinia galanga* (L.) Willd.

别名：大高良姜、红蔻、大良姜。

科属：姜科，山姜属。

形态特征：植株高达 2m；根茎块状。叶长圆形或披针形，先端短尖或渐尖，基部渐窄，两面无毛或下面被长柔毛，干后边缘褐色。圆锥花序密生多花，花序轴被毛，分枝多，每分枝上有 3 ~ 6 朵花；苞片与小苞片均迟落。小苞片披针形；花绿白色，有异味；花萼筒状，宿存；裂片长圆形；侧生退化雄蕊细齿状或线形，紫色；唇瓣倒卵状匙形，白色，有红线条，2 深裂。蒴果长圆形，中部稍收缩，成熟时棕或枣红色，平滑或稍皱缩，质薄，不裂，易碎，有 3 ~ 6 枚种子。花期 5 ~ 8 月，果期 9 ~ 11 月。

产地及分布：产于海南、台湾、广东、香港、广西及云南，生于海拔 100 ~ 1300m 沟谷荫湿林下、灌木丛和草丛中。亚洲热带地区广布。

应用：果药用，称红豆蔻，可散寒、消食；根茎称大高良姜，味辛，性热，能散寒、暖胃、止痛。

花叶艳山姜 *Alpinia zerumbet* 'Variegata'

科属：姜科，山姜属。

形态特征：多年生草本，发达的地上茎。植株高 1～2m，具根茎。叶具鞘，长椭圆形，两端渐尖，叶有金黄色纵斑纹。圆锥花序呈总状花序式，花序下垂，花蕾包藏于总苞片中，花白色，边缘黄色，顶端红色，唇瓣广展，花大而美丽并具有香气。花序轴紫红色，被茸毛，分枝极短，在每一分枝上有花 1～2（3）朵；小苞片椭圆形，白色，顶端粉红色，蕾时包裹住花，无毛；小花梗极短；花萼近钟形，白色，顶粉红色，一侧开裂，顶端又齿裂；花冠管较花萼为短，裂片长圆形，后方的 1 枚较大，乳白色，顶端粉红色，侧生退化雄蕊钻状，唇瓣匙状宽卵形，顶端皱波状，黄色而有紫红色纹彩；子房被金黄色粗毛。

产地及分布：原产于亚热带地区，华东南部至华南地区有分布，各地城市均有栽培。

大叶相思 *Acacia auriculiformis* A. Cunn. ex Benth.

别名：耳果相思、耳叶相思、耳荚相思。

科属：豆科，相思树属。

形态特征：常绿乔木，枝条下垂，树皮平滑，灰白色；小枝无毛，皮孔显著。叶状柄镰状长圆形，两端渐狭，比较显著的主脉有 3 ~ 7 条。穗状花序，1 至数枝簇生于叶腋或枝顶；花橙黄色；花萼顶端浅齿裂；花瓣长圆形。荚果成熟时旋卷，长5 ~ 8cm，宽 8 ~ 12mm，果瓣木质，每一果内有种子约 12 颗；种子黑色，围以折叠的珠柄。

产地及分布：广东、广西、福建有引种。原产于澳大利亚北部及新西兰。

台湾相思 *Acacia confusa* Merr.

别名：相思树、台湾柳。

科属：豆科，相思树属。

形态特征：常绿乔木，高6～15m，无毛；枝灰色或褐色，无刺，小枝纤细。苗期第一片真叶为羽状复叶，长大后小叶退化，叶柄变为叶状柄，叶状柄革质，披针形，直或微呈弯镰状，两端渐狭，先端略钝，有明显的纵脉3～5（8）条。头状花序球形，单生或2～3个簇生于叶腋；总花梗纤弱；花金黄色，有微香；花萼长约为花冠之半；花瓣淡绿色；雄蕊多数；子房被黄褐色柔毛。荚果扁平，干时深褐色，有光泽，于种子间微缢缩，顶端钝而有凸头，基部楔形；种子2～8颗，椭圆形，压扁，长5～7mm。花期3～10月，果期8～12月。

产地及分布：产自我国台湾、福建、广东、广西、云南；野生或栽培。菲律宾、印度尼西亚、斐济亦有分布。

宫粉羊蹄甲 *Bauhinia variegata* Linn.

别名：羊蹄甲、白花洋、紫荆败花。

科属：豆科，羊蹄甲属。

形态特征：落叶乔木；树皮暗褐色，近光滑；幼嫩部分常被灰色短柔毛；枝无毛。叶近革质，广卵形至近圆形，先端2裂达叶长的1/3，基出脉（9～）13条；叶柄被毛或近无毛。总状花序侧生或顶生，少花，被灰色短柔毛；总花梗短而粗；苞片和小苞片卵形；花瓣倒卵形或倒披针形，具瓣柄，紫红色或淡红色，杂以黄绿色及暗紫色的斑纹；能育雄蕊5，花丝纤细，无毛；退化雄蕊1～5，丝状，较短；子房具柄，被柔毛，柱头小。荚果带状，扁平，具长柄及喙；种子10～15颗，近圆形，扁平，直径约1cm。花期全年，3月最盛。

产地及分布：产自我国南部。印度、中南半岛有分布。

凤凰木 *Delonix regia* (Boj.) Raf.

别名：金凤树、凤皇木、凤凰树。

科属：豆科，凤凰木属。

形态特征：高大落叶乔木，高达 20 余米，胸径可达 1m；树冠扁圆形；叶为二回偶数羽状复叶，具托叶；叶柄光滑至被短柔毛，上面具槽；羽片对生，15 ～ 20 对；小叶 25 对，密集对生，长圆形，两面被绢毛。伞房状总状花序顶生或腋生；花鲜红至橙红色；花托盘状或短陀螺状；萼片 5，花瓣 5，雄蕊 10 枚；红色，向上弯，花丝粗，下半部被绵毛，花药红色；子房黄色，被柔毛，无柄或具短柄。荚果带形，扁平，稍弯曲，暗红褐色，成熟时黑褐色，顶端有宿存花柱；种子 20 ～ 40 颗，横长圆形，平滑，坚硬，黄色染有褐斑，长约 15mm，宽约 7mm。花期 6 ～ 7 月，果期 8 ～ 10 月。

产地及分布：原产于马达加斯加，我国云南、广西、广东、福建、台湾等地有栽培。

鸡冠刺桐 *Erythrina crista-galli* Linn.

别名：鸡冠豆、巴西刺桐、象牙红。

科属：豆科，刺桐属。

形态特征：落叶灌木或小乔木，茎和叶柄稍具皮刺。羽状复叶具3小叶；小叶长卵形或披针状长椭圆形，先端钝，基部近圆形。花与叶同出，总状花序顶生，每节有花1~3朵；花深红色，稍下垂或与花序轴成直角；花萼钟状，先端二浅裂；雄蕊二体；子房有柄，具细茸毛。荚果长约15cm，褐色，种子间缢缩；种子大，亮褐色。

产地及分布：我国台湾、云南西双版纳有栽培，原产于巴西。

应用：可供庭园观赏。

紫檀 *Pterocarpus indicus* Willd.

别名：檀木、花檀木、印度紫檀。

科属：豆科，紫檀属。

形态特征：乔木，高 15 ~ 25m，胸径达 40cm；树皮灰色。羽状复叶长 15 ~ 30cm；托叶早落；小叶 3 ~ 5 对，卵形，先端渐尖，基部圆形，两面无毛，叶脉纤细。圆锥花序顶生或腋生，多花，被褐色短柔毛；花梗顶端有 2 枚线形，易脱落的小苞片；花萼钟状，微弯，萼齿阔三角形，先端圆，被褐色丝毛；花冠黄色，花瓣有长柄，边缘皱波状；雄蕊 10，单体，最后分为 5+5 的二体；子房具短柄，密被柔毛。荚果圆形，扁平，偏斜，对种子部分略被毛且有网纹，周围具宽翅，翅宽可达 2cm，有种子 1 ~ 2 粒。

产地及分布：原产于热带亚洲。

朱缨花 *Calliandra haematocephala* Hassk.

别名：红合欢、红绒球、美蕊花、美洲合欢。

科属：豆科，朱缨花属。

形态特征：落叶灌木或小乔木，高1～3m；枝条扩展，小枝圆柱形，褐色。托叶卵状披针形，宿存。二回羽状复叶；羽片1对；小叶7～9对，斜披针形，先端钝而具小尖头，基部偏斜，边缘被疏柔毛；中脉略偏上缘。头状花序腋生，有花25～40朵；花萼钟状，绿色；花冠管淡紫红色，顶端具5裂片，裂片反折，无毛；雄蕊突露于花冠之外，雄蕊管白色，管口内有钻状附属体，上部离生的花丝深红色。荚果线状倒披针形，暗棕色，成熟时由顶至基部沿缝线开裂，果瓣外反；种子5～6颗，长圆形，长7～10mm，宽约4mm，棕色。花期8～9月，果期10～11月。

产地及分布：我国台湾、福建、广东有引种，栽培供观赏。原产于南美，现热带、亚热带地区常有栽培。花极美丽。

黄槐决明 *Senna surattensis* (N.L. Burman) H.S.Irwin & Barneby

别名：黄槐。

科属：豆科，决明属。

形态特征：灌木或小乔木，高5～7m；分枝多；树皮颇光滑，灰褐色；嫩枝、叶轴、叶柄被微柔毛。叶轴及叶柄呈扁四方形，在叶轴上面最下2或3对小叶之间和叶柄上部有棍棒状腺体2～3枚；小叶7～9对，长椭圆形或卵形，下面粉白色，边全缘；小叶柄被柔毛；托叶线形，弯曲，早落。总状花序生于枝条上部的叶腋内；苞片卵状长圆形，外被微柔毛；萼片卵圆形，有3～5脉；花瓣鲜黄至深黄色，卵形至倒卵形；雄蕊10枚，全部能育，最下2枚有较长自认花丝，花药长椭圆形，2侧裂；子房线形，被毛。荚果扁平，带状，开裂，顶端具细长的喙，果颈长约5mm，果柄明显；种子10～12颗，有光泽。花果期几全年。

产地及分布：栽培于广西、广东、福建、台湾等地区。原产于印度、斯里兰卡、印度尼西亚、菲律宾、澳大利亚、波利尼西亚等地，目前世界各地均有栽培。

应用：本种常作绿篱和庭园观赏植物。

波罗蜜 *Artocarpus heterophyllus* Lam.

别名：菠萝蜜、苞萝、木菠萝。

科属：桑科，波罗蜜属。

形态特征：常绿乔木；老树常有板状根；小枝具纵皱纹至平滑，无毛；托叶抱茎环状。叶革质，椭圆形或倒卵形，成熟之叶表面墨绿色，干后浅绿或淡褐色，无毛；托叶抱茎，卵形，外面被贴伏柔毛或无毛，脱落。花雌雄同株，雄花序有时着生于枝端叶腋或短枝叶腋，圆柱形或棒状椭圆形，有些花不发育；雄花花被管状，上部2裂，被微柔毛，雄蕊1枚，花丝在蕾中直立，花药椭圆形，无退化雌蕊；雌花花被管状，顶部齿裂，子房1室。聚花果椭圆形至球形，或不规则形状，长30～100cm，直径25～50cm，幼时浅黄色，成熟时黄褐色，表面有坚硬六角形瘤状凸体和粗毛；核果长椭圆形。花期2～3月。

产地及分布：可能原产于印度西高止山。中国海南、广东、广西、福建、云南（南部）常有栽培。尼泊尔、印度锡金、不丹、马来西亚也有栽培。

面包树 *Artocarpus altilis* (Parkinson) Fosberg

别名：面包果树。

科属：桑科，波罗蜜属。

形态特征：常绿乔木，高 10 ~ 15m；树皮灰褐色，粗厚。叶大，互生，厚革质，卵形至卵状椭圆形，成熟之叶羽状分裂，两侧多为 3 ~ 8 羽状深裂，裂片披针形，先端渐尖，两面无毛，表面深绿色，全缘，侧脉约 10 对；托叶大，披针形或宽披针形，黄绿色，被灰色或褐色平贴柔毛。花序单生叶腋，雄花序长圆筒形至长椭圆形或棒状，黄色；雄花花被管状，雄蕊 1 枚，花药椭圆形，雌花花被管状，子房卵圆形，花柱长，柱头 2 裂，聚花果倒卵圆形或近球形，绿色至黄色，表面具圆形瘤状凸起，成熟褐色至黑色，柔软，内面为乳白色肉质花被组成；核果椭圆形至圆锥形，直径约 25mm。栽培的很少核果或无核果。

产地及分布：原产于太平洋群岛及印度、菲律宾，为马来群岛一带热带著名林木之一。我国海南、台湾亦有栽培。

应用：木材质轻软而粗，可作建筑用材，果实为热带主要食品之一。

高山榕 *Ficus altissima* Bl.

别名：大叶榕、大青树、大叶常。

科属：桑科，榕属。

形态特征：落叶或半落叶乔木，叶薄革质或皮纸质，卵状披针形至椭圆状卵形，基生叶脉短，背面突起，网脉稍明显；托叶披针状卵形，先端急尖。榕果单生或成对腋生或簇生于已落叶枝叶腋，球形，成熟时紫红色，基生苞片 3，细小；雄花、瘿花、雌花生于同一榕果内；雄花，无柄，花被片 4 ~ 5，披针形，雄蕊 1 枚，花药广卵形，花丝短；瘿花具柄，花被片 3 ~ 4，花柱侧生，短于子房；雌花与瘿花相似，花柱长于子房。瘦果表面有皱纹。花期 5 ~ 8 月。

产地及分布：产于海南、云南（墨江、巍山、瑞丽、盈江、景东、西双版纳、石屏、河口至富宁）、广东、广西、福建、台湾、浙江。

榕树 *Ficus microcarpa* L.f.

别名：小叶榕、榕树、笔栗。

科属：桑科，榕属。

形态特征：大乔木，高达 15 ～ 25m，胸径达 50cm。叶薄革质，狭椭圆形，先端钝尖，基部楔形，表面深绿色，基生叶脉延长，侧脉 3 ～ 10 对；叶柄无毛；托叶小，披针形。榕果成对腋生或生于已落叶枝叶腋，成熟时黄色或微红色，扁球形，无总梗，基生苞片 3，广卵形，宿存；雄花、雌花、瘿花同生于一榕果内，花间有少许短刚毛；雄花无柄或具柄，散生内壁，花丝与花药等长；雌花与瘿花相似，花被片 3，广卵形，花柱近侧生，柱头短，棒形。瘦果卵圆形。花期 5 ～ 6 月。

产地及分布：产于台湾、浙江（南部）、福建、广东（及沿海岛屿）、广西、湖北（武汉至十堰栽培）、贵州、云南 [海拔 174 ～ 1240（1900）m]。

斜叶榕 *Ficus tinctoria* subsp. *gibbosa* (Bl.) Corner

别名：变异斜叶榕、卜青树、石榕树。

科属：桑科，榕属。

形态特征：小乔木。叶薄革质，排为两列，椭圆形至卵状椭圆形，基生侧脉短，不延长，侧脉 5 ~ 8 对，两面凸起，叶柄粗壮；托叶钻状披针形，厚。榕果球形或球状梨形，单生或成对腋生，顶端脐状，基部收缩成柄，基生苞片 3，卵圆形，干后反卷；总梗极短；雄花生榕果内壁近口部，花被片 4 ~ 6，白色，线形，雄蕊 1 枚，基部有退化的子房；瘿花与雄花花被相似，子房斜卵形，花柱侧生；雌花生另一植株榕果内，花被片 4，线形，质薄，透明。瘦果椭圆形，具龙骨，表面有瘤体，花柱侧生，延长，柱头膨大。花果期冬季至翌年 6 月。

产地及分布：产于海南、台湾。菲律宾、印度尼西亚（苏拉威西、松巴哇、马鲁古群岛）、巴布亚新几内亚、澳大利亚（北部）、密克罗尼西亚、波利尼西亚至塔希提等地也有分布。

对叶榕 *Ficus hispida* L.f.

别名：牛奶子、多糯树、哈的簸。

科属：桑科，榕属。

形态特征：灌木或小乔木，被糙毛，叶通常对生，厚纸质，卵状长椭圆形或倒卵状矩圆形，表面粗糙，被短粗毛，背面被灰色粗糙毛，侧脉6～9对；叶柄被短粗毛；托叶2，卵状披针形，生于无叶的果枝上，常4枚交互对生，榕果腋生或生于落叶枝上，或老茎发出的下垂枝上，陀螺形，成熟黄色，散生侧生苞片和粗毛，雄花生于其内壁口部，多数，花被片3，薄膜状，雄蕊；瘿花无花被，花柱近顶生，粗短；雌花无花被，柱头侧生，被毛。花果期6～7月。

产地及分布：产于海南、广东、广西、云南（西部和南部，海拔120～1600m）、贵州。

垂叶榕 *Ficus benjamina* Linn.

别名：细叶榕、垂榕、垂枝榕。

科属：桑科，榕属。

形态特征：大乔木，高达 20m，胸径 30～50 cm，树冠广阔；树皮灰色，平滑；小枝下垂。叶薄革质，卵形至卵状椭圆形，平行展出，直达近叶边缘，网结成边脉，两面光滑无毛，上面有沟槽；托叶披针形。榕果成对或单生叶腋，球形或扁球形，光滑，成熟时红色至黄色，基生苞片不明显；雄花、瘿花、雌花同生于一榕果内；雄花极少数，具柄，花被片 4，宽卵形，雄蕊 1 枚，花丝短；瘿花具柄，多数，花被片 4～5，子房卵圆形，光滑，花柱侧生；雌花无柄，花被片短匙形。瘦果卵状肾形，短于花柱，花柱近侧生，柱头膨大。花期 8～11 月。

产地及分布：产于海南、广东、广西、云南、贵州。在云南生于海拔 500～800m 湿润的杂木林中。

琴叶榕 *Ficus pandurata* Hance

别名：全缘琴叶榕、铁牛入石、全缘榕、全叶榕、条叶榕。

科属：桑科，榕属。

形态特征：小灌木，高 1 ~ 2m；小枝。嫩叶幼时被白色柔毛。叶纸质，提琴形或倒卵形，先端急尖有短尖，表面无毛，背面叶脉有疏毛和小瘤点，基生侧脉 2，侧脉 3 ~ 5 对；叶柄疏被糙毛；托叶披针形，迟落。榕果单生叶腋，鲜红色，椭圆形或球形，顶部脐状突起，基生苞片 3，卵形，纤细，雄花有柄，生榕果内壁口部，花被片 4，线形，雄蕊 3，稀为 2，长短不一；瘿花有柄或无柄，花被片 3 ~ 4，倒披针形至线形，子房近球形，花柱侧生，很短；雌花花被片 3 ~ 4，椭圆形，花柱侧生，细长，柱头漏斗形。花期 6 ~ 8 月。

产地及分布：产于海南、广东、广西、福建、湖南、湖北、江西、安徽（南部）、浙江。生于山地、旷野或灌丛林下。越南也有分布。

黄葛树 *Ficus virens* Aiton

别名：黄葛榕、大叶榕、黄桷树、绿黄葛树。

科属：桑科，榕属。

形态特征：落叶或半落叶乔木，具板根或支柱根，幼时附生。叶薄革质或厚纸质，卵状披针形或椭圆状卵形，先端短尖，基部钝圆或浅心形，全缘，侧脉 7～10 对，在下面突起，网脉稍明显；托叶披针状卵形。榕果单生或成对腋生，或族生于落叶枝叶腋，球形，熟时紫红色，具间生刚毛，基生苞片 3，宿存；具总柄。雄花、瘿花、雌花生于同一榕果内；雄花无梗，少数，集生榕果内壁近口部，花被片 4～5，披针形，雄蕊 1，花丝短；瘿花具梗，花被片 3～4，花柱侧生，短于子房；雌花似瘿花，子房红褐色，花柱长于子房。瘦果具皱纹。花期 4～8 月。

产地及分布：产于海南、浙江南部、福建、广东、湖南南部、贵州西南部、广西、云南，生于海拔 300～1000（2100）m 疏林内、溪边。斯里兰卡、印度、不丹、东南亚及澳大利亚北部有分布。

应用：可作行道树；木材纹理细致，美观，可供雕刻。

菩提树 *Ficus religiosa* L.

别名：思维树、菩提榕、觉树、沙罗双树、印度菩提树。

科属：桑科，榕属。

形态特征：乔木，幼时附生，高达 25m；树皮灰色。小枝灰褐色，幼时被微柔毛。叶革质，三角状卵形，上面深绿色，下面绿色，先端基部平截或浅心形，全缘或波状，基生叶脉 3 出，侧脉 5～7 对；叶柄纤细，有关节，托叶卵形，先端骤尖。榕果球形或扁球形，熟时红色；基生苞片 3，卵圆形；雄花，瘿花及雌花生于同一榕果内壁；雄花少，生于榕果近孔口，无梗，花被 2～3 裂，内卷，雄蕊 1，花丝短；瘿花具梗，花被 3～4 裂，花柱短，柱头膨大，2 裂；雌花无梗，花被片 4，宽披针形，球形，红褐色，花柱纤细，柱头窄。花期 3～4 月，果期 5～6 月。

产地及分布：原产于喜马拉雅山，从巴基斯坦拉瓦尔品第至不丹。广东、广西、云南南部低海拔地带多栽培。

印度榕 *Ficus elastica* Roxb.ex Hornem.

别名：印度橡胶树、橡皮榕、橡皮树、橡胶榕。

科属：桑科，榕属。

形态特征：乔木，高达 20 ~ 30m，胸径 25 ~ 40cm；树皮灰白色，平滑；幼小时附生，小枝粗壮。叶厚革质，长圆形至椭圆形，全缘，表面深绿色，背面浅绿色，侧脉多，平行展出；叶柄粗壮；托叶膜质，深红色。榕果成对生于落叶枝的叶腋上，卵状长椭圆形，黄绿色，基生苞片风帽状；雄花、瘿花、雌花同生于榕果内壁；雄花具柄，散生于内壁，花被片 4，卵形，雄蕊 1 枚，花药卵圆形，不具花丝；瘿花花被片 4，子房光滑，卵圆形，花柱近顶生，弯曲；雌花无柄。瘦果卵圆形，表面有小瘤体，花柱长，宿存，柱头近头状。花期冬季。

产地及分布：原产于不丹、锡金、尼泊尔、印度东北部（阿萨姆）、缅甸、马来西亚（北部）、印度尼西亚（苏门答腊、爪哇）。我国云南（瑞丽、盈江、莲山、陇川）在 800 ~ 1500m 处有野生。

木麻黄 *Casuarina equisetifolia* J.R. Forst. & G.Forst.

别名：驳骨松、驳骨树、短枝木麻黄。

科属：木麻黄科，木麻黄属。

形态特征：乔木，高可达30m，大树根部无萌蘖；直径达70cm；树冠狭长圆锥形；枝红褐色，有密集的节；最末次分出的小枝灰绿色，纤细，常柔软下垂，具7~8条沟槽及棱，初时被短柔毛，渐变无毛或仅在沟槽内略有毛。花雌雄同株或异株；雄花序几无总花梗，棒状圆柱形，有覆瓦状排列球果状果序椭圆形，幼嫩时外被灰绿色或黄褐色茸毛，成长时毛常脱落；小苞片变木质，阔卵形；小坚果连翅长4~7mm，宽2~3mm。花期4~5月，果期7~10月。

产地及分布：广西、广东、福建、台湾沿海地区普遍栽植，已渐驯化。原产于澳大利亚和太平洋岛屿，现美洲热带地区和亚洲东南部沿海地区广泛栽植。

阳桃 *Averrhoa carambola* L.

别名： 杨桃、洋桃、五敛子、三廉子。

科属： 酢浆草科，阳桃属。

形态特征： 乔木，高可达12m，分枝甚多；树皮暗灰色，内皮淡黄色，干后茶褐色，味微甜而涩。奇数羽状复叶，互生；小叶5～13片，全缘，卵形或椭圆形，疏被柔毛或无毛，小叶柄甚短。花小，微香，数朵至多朵组成聚伞花序或圆锥花序，自叶腋出或着生于枝干上，花枝和花蕾深红色；萼片5，覆瓦状排列，基部合成细杯状；雄蕊5～10枚；子房5室，每室有多数胚珠，花柱5枚。浆果肉质，下垂，有5棱，很少6棱或3棱，横切面呈星芒状，长5～8cm，淡绿色或蜡黄色，有时带暗红色。种子黑褐色。花期4～12月，果期7～12月。

产地及分布： 原产于马来西亚、印度尼西亚，广泛种植于热带各地。广东、广西、福建、台湾、云南有栽培。

木薯 *Manihot esculenta* Crantz

别名：树葛。

科属：大戟科，木薯属。

形态特征：直立灌木，高 1.5 ~ 3m；块根圆往状。叶纸质，轮廓近圆形，掌状深裂几达基部，裂片 3 ~ 7 片，倒披针形至狭椭圆形，顶端渐尖；稍盾状着生，具不明显细棱；三角状披针形，全缘或具 1 ~ 2 条刚毛状细裂。圆锥花序顶生或腋生，条状披针形；带紫红色且有白粉霜；雄花裂片长卵形，近等大，内面被毛；花药顶部被白色短毛；雌花裂片长圆状披针形，柱头外弯，折扇状。椭圆状，表面粗糙，具 6 条狭而波状纵翅；种子长约 1cm，多少具三棱，种皮硬壳质，具斑纹，光滑。花期 9 ~ 11 月。

产地及分布：原产于巴西，现全世界热带地区广泛栽培。中国海南、福建、台湾、广东、广西、贵州及云南等地区有栽培，偶有逸为野生。

红背桂 *Excoecaria cochinchinensis* Lour.

科属：大戟科，海漆属。

形态特征：常绿灌木，高达 1m 许；枝无毛，具多数皮孔。叶对生，稀兼有互生或近 3 片轮生，纸质，叶片狭椭圆形或长圆形，腹面绿色，背面紫红或血红色；侧脉 8 ~ 12 对，弧曲上升；托叶卵形。花单性，雌雄异株，聚集成腋生或稀兼有顶生的总状花序，雌花序由 3 ~ 5 朵花组成。雄花苞片阔卵形，顶端凸尖而具细齿，每一苞片仅有 1 朵花；小苞片 2，线形；萼片 3，披针形；雄蕊长伸出于萼片之外，花药圆形。雌花花梗粗壮，苞片和小苞片与雄花的相同；萼片 3，卵形；子房球形，无毛，花柱 3。蒴果球形，直径约 8mm，基部截平，顶端凹陷；种子近球形，直径约 2.5mm。花期几乎全年。

产地及分布：我国台湾（台北植物园）、广东、广西、云南等地普遍栽培，广西龙州有野生，生于丘陵灌丛中。亚洲东南部其他各国也有分布。

变叶木 *Codiaeum variegatum* (L.) A. Juss.

别名：变色月桂、洒金榕。

科属：大戟科，变叶木属。

形态特征：灌木或小乔木，高可达 2m。枝条无毛，有明显叶痕。叶薄革质，线形、线状披针形、长圆形、椭圆形，短尖至钝，两面无毛，黄色与绿色相间或有时在绿色叶片上散生黄色或金黄色斑点或斑纹。总状花序腋生，雌雄同株异序，雄花白色，萼片 5 枚；花瓣 5 枚，远较萼片小；腺体 5 枚；雄蕊 20 ~ 30 枚；花梗纤细；雌花淡黄色，萼片卵状三角形；无花瓣；花盘环状；子房 3 室，花往外弯，不分裂；花梗稍粗。蒴果近球形，稍扁，无毛。花期 9 ~ 10 月。

产地及分布：原产于亚洲马来半岛至大洋洲；现广泛栽培于热带地区。我国南部各地区常见栽培。

应用：热带、亚热带地区常见的庭园或公园观叶植物。

五月茶 *Antidesma bunius* (L.) Spreng.

别名：污槽树、五味叶、五味子。

科属：叶下珠科，五月茶属。

形态特征：乔木，高达10m；小枝有明显皮孔；除叶背中脉、叶柄、花萼两面和退化雌蕊被短柔毛或柔毛外，其余均无毛。叶片纸质，长椭圆形、倒卵形或长倒卵形，叶面深绿色，叶背绿色；侧脉每边7～11条，在叶面扁平，干后凸起。托叶线形，早落。雄花序为顶生的穗状花序。花萼杯状，顶端3～4分裂，裂片卵状三角形。雄蕊3～4，着生于花盘内面，花盘杯状，全缘或不规则分裂，退化雌蕊棒状。雌花序为顶生的总状花序，花萼和花盘与雄花的相同，雌蕊稍长于萼片，子房宽卵圆形，花柱顶生，顶端微凹缺。核果近球形或椭圆形，长8～10mm，直径8mm，成熟时红色。染色体基数 x=13。花期3～5月，果期6～11月。

产地及分布：产于海南、江西、福建、湖南、广东、广西、贵州、云南和西藏等地区，生于海拔200～1500m山地疏林中。广布于亚洲热带地区直至澳大利亚昆士兰。模式标本采自菲律宾马尼拉。

秋枫 *Bischofia javanica* Bl.

别名：常绿重阳木、红桐、茄冬。

科属：叶下珠科，秋枫属。

形态特征：常绿或半常绿乔木，三出复叶，稀 5 小叶；小叶片纸质，卵形、椭圆形、倒卵形或椭圆状卵形，花小，雌雄异株，多朵组成腋生的圆锥花序；雄花序被微柔毛至无毛；雌花序下垂；雄花萼片膜质，半圆形，内面凹成勺状，外面被疏微柔毛；花丝短；退化雌蕊小，盾状，被短柔毛；雌花萼片长圆状卵形，内面凹成勺状，外面被疏微柔毛，边缘膜质；子房光滑无毛，3 ~ 4 室，花柱 3 ~ 4，线形，顶端不分裂。

产地及分布：分布于海南、江苏、安徽、浙江、江西、台湾、广东、陕西等地区。虽产于中国南部，越南、印度、日本、印度尼西亚至澳大利亚也有分布。

斯里兰卡天料木 *Homalium ceylanicum* (Gardner) Benth.

别名：光叶老挝天料木、红花天料木、母生。

科属：杨柳科，天料木属。

形态特征：乔木，高6～20（40）m；树皮粗糙；小枝圆柱形，棕褐色，密具白色突起的椭圆形皮孔，无毛。叶薄革质至厚纸质，椭圆形至长圆形，叶柄无毛。花多数，4～6朵簇生而排成总状，总状花序腋生，萼筒陀螺状，被短柔毛，萼片5～6，线状长圆形，被短柔毛，边缘密被短睫毛；花瓣5～6，线状长圆形，外面疏被短柔毛，边缘密被短睫毛；雄蕊4～6，花丝无毛；花盘腺体7～10个，与萼片对生，陀螺状，顶端平截；子房外面有柔毛；侧膜胎座4～6个，每个胎座上有5～6颗胚珠，花柱4～6，无毛。花期4～6月。

产地及分布：产于云南、西藏，生于海拔630～1200m的山谷疏林中和林缘。斯里兰卡、印度、老挝、泰国、越南也有分布。

岭南山竹子 *Garcinia oblongifolia* Champ.ex Benth.

别名：竹桔、倒卵山竹子。

科属：藤黄科，藤黄属。

形态特征：常绿乔木。叶长圆形、倒卵状长圆形或倒披针形，先端稍骤尖，基部楔形，侧脉 10～18 对；叶柄长约 1cm。花单性异株，单生或成伞房状聚伞花序。花梗淡绿色，雄花萼片近圆形，花瓣橙黄或淡黄色，倒卵状长圆形，雄蕊合成 1 束，花药聚成头状，无退化雌蕊；雌花退化雄蕊合成 4 束，子房 8～10 室，柱头辐射状分裂，具乳突。果卵圆形或球形。花期 4～5 月，果期 10～12 月。

产地及分布：产于广东、海南、香港、广西、贵州南部，生于海拔 200～400（1200）m 平坝、低丘沟谷林中。越南东北部有分布。

应用：种子含油量 60.7%，供工业油料；木材供制家具及工艺品。

榄仁 *Terminalia catappa* Linn.

别名： 山枇杷、枇杷树、法国枇杷、大叶榄仁。

科属： 使君子科，榄仁属。

形态特征： 大乔木，高 15m 或更高，树皮褐黑色，纵裂而剥落状；枝平展，具密而明显的叶痕。叶大，互生，常密集于枝顶，叶片倒卵形。穗状花序长而纤细，腋生，雄花生于上部，两性花生于下部；苞片小，早落；花多数，绿色或白色；花瓣缺；萼筒杯状；伸出萼外；花盘由 5 个腺体组成，被白色粗毛；子房圆锥形，幼时被毛，成熟时近无毛；花柱单一，粗壮；胚珠 2 颗，倒悬于室顶。果椭圆形，常稍压扁，具 2 棱，果皮木质，坚硬，无毛，成熟时青黑色；种子 1 颗，长圆形，含油质。花期 3 ~ 6 月，果期 7 ~ 9 月。

产地及分布： 产于海南、广东（徐闻）、台湾、云南（东南部）。常生于气候湿热的海边沙滩上，多栽培作行道树。马来西亚、越南以及印度、大洋洲均有分布。南美热带海岸也很常见。

使君子 *Quisqualis indica* L.

别名： 四君子、史君子、毛使君子。

科属： 使君子科，使君子属。

形态特征： 攀缘状灌木，高 2～8m；小枝被棕黄色短柔毛。叶对生或近对生，卵形或椭圆形，先端短渐尖，基部钝圆，表面无毛，背面有时疏被棕色柔毛，侧脉 7 或 8 对；叶柄无关节，幼时密生锈色柔毛。顶生穗状花序，组成伞房花序式；小型的萼齿 5 枚；花瓣 5，先端钝圆，雄蕊 10，不突出冠外，外轮着生于花冠基部，内轮着生于萼管中部；子房下位，胚珠 3 颗。果卵形，具明显的锐棱角 5 条，成熟时外果皮脆薄，呈青黑色或栗色；种子 1 颗，白色，圆柱状纺锤形。花期初夏，果期秋末。

产地及分布： 产于海南、福建、江西南部、湖南南部、广东、香港、广西、贵州北部、云南南部及四川。印度、缅甸至菲律宾有分布。

应用： 种子为中药中最有效的驱蛔药之一，对小儿蛔虫病疗效尤著。

大花紫薇 *Lagerstroemia speciosa* (Linn.) Pers.

别名： 百日红、百日香、大叶紫薇。

科属： 千屈菜科，紫薇属。

形态特征： 大乔木，高可达 25m，树皮灰色，平滑；小柱圆柱形，无毛或微被糠秕状毛。叶革质，矩圆状椭圆形或卵状椭圆形，稀披针形，顶端钝形或短尖，基部阔楔形至圆形；花萼有棱 12 条，被糠秕状毛，6 裂，裂片三角形，内面无毛，附属体鳞片状；花瓣 6，近圆形至矩圆状倒卵形，有短爪；雄蕊多数，达 100～200；子房球形，4～6 室，无毛。蒴果球形至倒卵状矩圆形，褐灰色，6 裂；种子多数长10～15mm。花期 5～7 月，果期 10～11 月。

产地及分布： 广东、广西及福建有栽培。斯里兰卡、印度、马来西亚、越南及菲律宾也有分布。

乌墨 *Syzygium cumini* (Linnaeus) Skeels

别名：海南蒲桃、黑墨树、乌木。

科属：桃金娘科，蒲桃属。

形态特征：小乔木，高5m；嫩枝圆形，干后褐色，老枝灰白色。叶片革质，椭圆形，长8～11cm，宽3.5～5cm，先端急长尖，基部阔楔形，上面干后褐色，稍有光泽，多腺点，下面红褐色，侧脉多而密，在上面能见，在下面突起，以75°～80°开角斜向上，离边缘1mm处结合成边脉。花未见。果序腋生；果实椭圆形或倒卵形，长1.2～1.5cm，宽8～9mm，萼檐长0.5mm，宽4mm；种子2个，上下叠置，长与宽各6～7mm。

产地及分布：产于海南昌江。见于低地森林中。

大叶桃花心木 *Swietenia macrophylla* King

科属：楝科，桃花心木属。

形态特征：乔木，高达 20m 或更高；幼枝具暗褐色皮孔，树皮呈鳞片状开裂。叶互生，叶轴和叶柄圆柱形，无毛；小叶 6～16，近对生或互生，顶端 2 对小叶对生，先端短渐尖或急尖，基部宽楔形或略圆形。圆锥花序顶生或腋上生，短于叶，无毛；萼片 4，分离，阔卵形，无毛；花瓣 4，分离，椭圆形或长圆形，无毛；雄蕊管坛状；子房卵形，无毛，通常 4 室。蒴果球形，成熟时自顶端室轴开裂，果壳厚；种子宽，横生，椭圆形至近圆形，边缘具膜质翅。

产地及分布：原产于非洲热带地区和马达加斯加；我国海南、台湾、广东、广西及福建等地有栽培。

应用：本植物除用作庭园树和行道树外，木材尚可作胶合板的材料；叶可作粗饲料；根可入药。

文定果 *Muntingia calabura* Linn.

别名：文丁果、文冠果。

科属：文定果科，文定果属。

形态特征：常绿小乔木，高达 6 ~ 12m。树皮光滑较薄。单叶互生，长圆状卵形，先端渐尖，基部斜心形，花两性，单生或成对着生于上部小枝的叶腋花萼合生，深 5 裂。花期长，花瓣白色，具有瓣柄，全缘。花盘杯状。盛花期 3 ~ 4 月，周年有果成熟，6 ~ 8 月为果熟期。果实多汁浆果，圆形，成熟时为红色，内含种子。种子椭圆形，极细小。

产地及分布：原产于热带美洲、西印度群岛。国内海南、广东、福建多有栽培。

木棉 *Bombax ceiba* L.

别名：红棉、英雄树、攀枝花。

科属：锦葵科，木棉属。

形态特征：落叶大乔木，高可达 25m，树皮灰白色，幼树的树干通常有圆锥状的粗刺；分枝平展。掌状复叶，小叶 5～7 片，长圆形至长圆状披针形，两面均无毛，羽状侧脉 15～17 对，上举；托叶小。花单生枝顶叶腋，通常红色；萼杯状，外面无毛，内面密被淡黄色短绢毛，外轮雄蕊多数，集成 5 束，每束花丝 10 枚以上，较长；花柱长于雄蕊。蒴果长圆形，密被灰白色长柔毛和星状柔毛；种子多数，倒卵形，光滑。花期 3～4 月，果夏季成熟。

产地及分布：产于我国云南、四川、贵州、广西、江西、广东、福建、台湾等地区亚热带。印度、斯里兰卡、中南半岛、马来西亚、印度尼西亚至菲律宾及澳大利亚北部都有分布。

美丽异木棉 *Ceiba speciosa* (A.St.-Hil.) Ravenna

别名：美人树、美丽木棉、丝木棉。

科属：锦葵科，吉贝属。

形态特征：落叶乔木；高 10～15m，树干下部膨大，幼树树皮浓绿色，密生圆锥状皮刺、侧枝放射状水平伸展或斜向伸展；树干下部膨大，幼树树皮浓绿色，密生圆锥状皮刺、侧枝放射状水平伸展或斜向伸展；掌状复叶，小叶 5～9，椭圆形；花单生，花冠淡紫红色，中心白色，因而更显珍奇稀有；蒴果椭圆形。

产地及分布：原产于南美洲。现海南、广东、福建、广西、云南、四川等地栽培。

应用：美丽异木棉是优良的观花乔木，是较流行的道路、庭院绿化树。

瓜栗 *Pachira aquatica* Au.

别名：发财树、马拉巴栗。

科属：锦葵科，瓜栗属。

形态特征：小乔木，高4～5m，树冠较松散，幼枝栗褐色，无毛。小叶5～11，具短柄或近无柄，长圆形至倒卵状长圆形，上面无毛，背面及叶柄被锈色星状茸毛；外侧小叶渐小；花瓣淡黄绿色，狭披针形至线形，上半部反卷；雄蕊管较短，分裂为多数雄蕊束，每束再分裂为7～10枚细长的花丝，花丝下部黄色，向上变红色，花药狭线形，弧曲，横生；花柱长于雄蕊，深红色，柱头小，5浅裂。蒴果近梨形，果皮厚，木质，几黄褐色，外面无毛，内面密被长绵毛，开裂，每室种子多数。种子大，不规则的梯状楔形，表皮暗褐色，有白色螺纹，内含多胚。花期5～11月，果先后成熟，种子落地后自然萌发。

产地及分布：产于墨西哥至热带美洲南部。

假苹婆 *Sterculia lanceolata* Cav.

别名：鸡冠皮、山木棉、狗麻。

科属：锦葵科，苹婆属。

形态特征：乔木，叶椭圆形、披针形或椭圆状披针形，侧脉每边 7 ~ 9 条，弯拱，在近叶缘不明显连结。圆锥花序腋生，密集且多分枝；花淡红色，萼片 5 枚，外面被短柔毛，边缘有缘毛；雄花的雌雄蕊，弯曲，花药约 10 个；雌花的子房圆球形，被毛，花柱弯曲，柱头不明显 5 裂。蓇葖果鲜红色，长卵形或长椭圆形，长 5 ~ 7cm，宽 2 ~ 2.5cm；种子黑褐色，椭圆状卵形，直径约 1cm。每果有种子 2 ~ 4 个。花期 4 ~ 6 月。

产地及分布：产于广东、广西、云南、贵州和四川南部，为我国产苹婆属中分布最广的一种，在华南山野间很常见。缅甸、泰国、越南、老挝也有分布。

黄槿 *Hibiscus tiliaceus* Linn.

别名： 桐花、海麻、丹枝。

科属： 锦葵科，木槿属。

形态特征： 常绿灌木或乔木，高 4 ~ 10m，胸径粗达 60cm；叶革质，近圆形或广卵形，上面绿色，叶脉 7 条或 9 条；叶柄长 3 ~ 8cm；托叶叶状，长圆形。花序顶生或腋生，常数花排列成聚散花序，花梗基部有一对托叶状苞片；小苞片 7 ~ 10，线状披针形，被茸毛，中部以下连合成杯状；萼长基部 1/4 ~ 1/3 处合生，萼裂 5；花冠钟形，花瓣黄色，外面密被黄色星状柔毛；雄蕊平滑无毛；花柱枝 5。蒴果卵圆形，长约 2cm，被茸毛，果爿 5，木质；种子光滑，肾形。花期 6 ~ 8 月。

产地及分布： 产于台湾、广东、福建等省。也分布于越南、柬埔寨、老挝、缅甸、印度、印度尼西亚、马来西亚及菲律宾等热带国家。

土沉香 *Aquilaria sinensis* (Lour.) Spreng

别名：白木香、牙香树、女儿香。

科属：瑞香科，沉香属。

形态特征：叶互生，革质有光泽，卵形、倒卵形至椭圆形，顶端短渐尖，基部宽楔形；侧脉 14 ～ 24 对，疏密不等。伞形花序顶生或腋生；花黄绿色，有芳香；花萼浅钟状，裂片 5，近卵形，两面均有短柔毛；花瓣 10，鳞片状，有毛；雄蕊 10，1 轮；子房卵状，2 室，每室胚珠 1 颗。蒴果木质，倒卵形，被灰黄色短柔毛，基部狭，有宿存萼，2 瓣裂开。种子 1 或 2 颗，基部有长约 2cm 的尾状附属物。

产地及分布：分布于广东、广西、台湾、福建。

叶子花 *Bougainvillea spectabilis* Willd.

别名：三角梅、三角花、室中花、九重葛、贺春红、勒杜鹃。

科属：紫茉莉科，叶子花属。

形态特征：藤状灌木。茎有弯刺，并密生茸毛。单叶互生，卵形全缘，被厚茸毛，顶端圆钝。花很细小，黄绿色，三朵聚生于三片红苞中，外围的红苞片大而美丽，颜色有鲜红色、橙黄色、紫红色、乳白色等。枝、叶密生柔毛；刺腋生、下弯。叶片椭圆形或卵形，基部圆形，有柄。花序腋生或顶生；苞片椭圆状卵形，基部圆形至心形，宽 1.5 ~ 4cm，暗红色或淡紫红色；花被管狭筒形，绿色，密被柔毛，顶端 5 ~ 6 裂，裂片开展，黄色；雄蕊通常 8；子房具柄。果实长 1 ~ 1.5cm，密生毛。花期可从 11 月起至第二年 6 月。

产地及分布：叶子花原产于南美洲的巴西，大约在 19 世纪 30 年代才传到欧洲栽培，中国南方栽培供观赏。

应用：叶子花中国南方用作围墙的攀缘花卉栽培。且还是一味中药，有散瘀消肿的效果。

长隔木 *Hamelia patens* Jacq.

别名：希茉莉、醉娇花、红茉莉。

科属：茜草科，长隔木属。

形态特征：红色灌木，高 2～4m，嫩部均被灰色短柔毛。叶通常 3 枚轮生，椭圆状卵形至长圆形，顶端短尖或渐尖。聚伞花序有 3～5 个放射状分枝；花无梗，沿着花序分枝的一侧着生；萼裂片短，三角形；花冠橙红色，冠管狭圆筒状；雄蕊稍伸出。浆果卵圆状，直径 6～7mm，暗红色或紫色。

产地及分布：原产于巴拉圭等拉丁美洲各国。华南和西南地区有栽培。

龙船花 *Ixora chinensis* Lam.

别名：山丹、卖子木、蒋英木。

科属：茜草科，龙船花属。

形态特征：灌木。叶薄革质或纸质，披针形、长圆状披针形或长圆状倒卵形，先端短钝尖，基部楔形或圆，侧脉 7 ~ 8 对，纤细，明显，近叶缘连成边脉，横脉明显；叶柄极短，托叶长 5 ~ 7mm，鞘状，先端渐尖。花序梗短有红色分枝，萼筒长 1.5 ~ 2mm；花冠红或红黄色，裂片倒卵形或近圆形。果近球形，双生，中间有沟，径 7 ~ 8mm，成熟时黑红色。花期 5 ~ 7 月。

产地及分布：产于福建南部、广东、香港、广西及湖南西南部，生于海拔 200 ~ 800m 山地灌丛、疏林及旷野中。东南亚有分布。

应用：常栽培供观赏；药用可消疮、拔脓、祛风、止痛。

海滨木巴戟 *Morinda citrifolia* L.

别名：激树、橘叶巴戟、海巴戟、海巴戟天。

科属：茜草科，巴戟天属。

形态特征：灌木至小乔木，高1～5m；茎直，枝近四棱柱形。叶交互对生，长圆形、椭圆形或卵圆形，无毛，全缘；叶脉两面凸起，中脉上面中央具一凹槽，侧脉每侧6（5或7）条，下面脉腋密被短束毛；托叶生，叶柄间，每侧1枚，上部扩大呈半圆形，全缘，无毛。头状花序每隔一节一个，与叶对生；花多数，无梗；雄蕊5，罕4或6，着生花冠喉部，花药内向，上半部露出冠口，线形，背面中部着生，二室，纵裂。聚花核果浆果状，卵形，幼时绿色，熟时白色约如初生鸡蛋大，每核果具分核4（2或3），分核倒卵形，稍内弯，坚纸质，具二室，上侧室大而空，下侧室狭，具1种子；种子小、扁，长圆形，下部有翅；胚直，胚根下位，子叶长圆形；胚乳丰富，质脆。花果期全年。

产地及分布：产于海南、台湾及西沙群岛等地。分布自印度和斯里兰卡，经中南半岛，南至澳大利亚北部，东至波利尼西亚等广大地区及其海岛。

灰莉 *Fagraea ceilanica* Thunb.

别名： 华灰莉、非洲茉莉、华灰莉木。

科属： 龙胆科，灰莉属。

形态特征： 乔木或攀缘灌木状，高达 15m，树皮灰色；全株无毛。小枝粗圆，老枝具凸起叶痕及托叶痕。叶稍肉质，椭圆形、倒卵形或卵形，先端渐尖或骤尖，基部楔形，下延，侧脉 4 ~ 10 对，不明显；叶柄基部具鳞片状托叶。花单生或为顶生二歧聚伞花序。花梗中上部具 2 小苞片；花萼肉质，裂片卵形或圆形，边缘膜质；花冠漏斗状，稍肉质，白色，芳香，裂片倒卵形；雄蕊内藏；子房 2 室，每室多数胚珠，花柱细长。浆果卵圆形或近球形，长 3 ~ 5cm，具尖喙，基部具宿萼。种子椭圆状肾形。花期 4 ~ 8 月，果期 7 月至翌年 3 月。

产地及分布： 产于海南、台湾、广东、香港、广西及云南，生于海拔 500 ~ 1800m 山地密林中或石灰岩山地阔叶林中。印度及东南亚各国有分布。

应用： 花大芳香，为庭园观赏植物。

黄蝉 *Allamanda schottii* Pohl

别名：黄婵、硬枝黄蝉、黄兰蝉。

科属：夹竹桃科，黄蝉属。

形态特征：直立灌木植物，高 1 ～ 2m，具乳汁；叶 3 ～ 5 枚轮生，全缘，椭圆形或倒卵状长圆形。聚伞花序顶生；总花梗和花梗被秕糠状小柔毛；花橙黄色；苞片披针形，着生在花梗的基部；花萼深 5 裂，裂片披针形，内面基部具少数腺体；花冠漏斗状，内面具红褐色条纹，花冠下部圆筒状；雄蕊 5 枚，着生在花冠筒喉部，花丝短，基部被柔毛，花药卵圆形，顶端钝，基部圆形；花盘肉质全缘，环绕子房基部；子房全缘，1 室，花柱丝状，柱头顶端钝，基部环状。蒴果球形，具长刺，直径约 3cm；种子扁平，具薄膜质边缘，长约 2cm，宽 1.5cm。花期 5 ～ 8 月，果期 10 ～ 12 月。

产地及分布：中国广西、广东、福建、台湾及北京（温室内）的庭园间均有栽培。

糖胶树 *Alstonia scholaris* (Linn.) R.Br.

别名：灯台树、面条树、鸭脚树。

科属：夹竹桃科，鸡骨常山属。

形态特征：乔木，高约10m，有白色乳汁；树皮灰白色，条状纵裂。叶3～8枚轮生，革质，倒卵状矩圆形、倒披针形或匙形。聚伞花序顶生，被柔毛；花白色；花冠高脚碟状；子房为2枚离生心皮组成，被柔毛。菁葖果2枚，离生，细长如豆角，下垂，长25cm；种子两端被红棕色柔毛。花期6～11月，果期10月～翌年4月。

产地及分布：广西南部、西部和云南南部野生。广东、湖南和台湾有栽培。

长春花 *Catharanthus roseus* (Linn.) G. Don

别名：雁来红、日日草、日日新。

科属：夹竹桃科，长春花属。

形态特征：直立多年生草本或半灌木，高达60cm。叶对生，膜质，倒卵状矩圆形，顶端圆形。聚伞花序顶生或腋生，有花2～3朵；花冠红色，高脚碟状，花冠裂片5枚，向左覆盖；雄蕊5枚着生于花冠筒中部之上；蓇葖果2个，直立；种子无种毛，具颗粒状小瘤凸起。花期、果期几乎全年。

产地及分布：主要在长江以南地区栽培，广东、广西、云南等省（自治区）栽培较普遍。

鸡蛋花 *Plumeria rubra* 'Acutifolia'

别名：缅栀、三色鸡蛋花。

科属：夹竹桃科，鸡蛋花属。

形态特征：落叶小乔木，高约 5 ～ 8m，胸径 15 ～ 20cm；枝条粗壮，带肉质，具丰富乳汁，绿色，无毛。叶厚纸质，长圆状倒披针形或长椭圆形，顶端短渐尖，叶面深绿色，叶背浅绿色，两面无毛；中脉在叶面凹入。聚伞花序顶生，无毛；总花梗三歧，肉质，绿色；花冠外面白色，花冠筒外面及裂片外面左边略带淡红色斑纹，花冠内面黄色，花冠筒圆筒形，外面无毛，内面密被柔毛；花冠裂片阔倒卵形，顶端圆形，基部向左覆盖；雄蕊着生在花冠筒基部，花丝极短，花药长圆形；心皮2，离生，无毛，花柱短，柱头长圆形，顶端2裂；每心皮有胚珠多颗。蓇葖双生，广歧，圆筒形。花期5 ～ 10 月，果期栽培极少结果，一般为 7 ～ 12 月。

产地及分布：我国广东、广西、云南、福建等地区有栽培，在云南南部山中有逸为野生的。原产于墨西哥；现广植于亚洲热带及亚热带地区。

夹竹桃 *Nerium oleander* L.

别名： 红花夹竹桃、欧洲夹竹桃。

科属： 夹竹桃科，夹竹桃属。

形态特征： 常绿小乔木或灌木状，高达 6m；具水液。叶 3 片轮生，稀对生，革质，窄椭圆状披针形，先端渐尖或尖，基部楔形或下延，侧脉达 120 对，平行。聚伞花序组成伞房状顶生。花芳香，花萼裂片窄三角形或窄卵形；花冠漏斗状，裂片向右覆盖，紫红、粉红、橙红、黄或白色，单瓣或重瓣，花冠喉部宽大；副花冠裂片 5，花瓣状；雄蕊着生花冠筒顶部，花药箭头状，附着柱头，基部耳状，药隔丝状，被长柔毛；无花盘；心皮 2，离生。蓇葖果 2，离生，圆柱形。种子多数，长圆形。单种属。花期春、夏、秋，果期冬、春。

产地及分布： 原产于伊朗、印度及尼泊尔，现广植于热带及亚热带地区。我国各地有栽培，南方为多，长江以北须在温室越冬。

应用： 植株具剧毒。种子含油量达 58.5%。

基及树 *Carmona microphylla* (lam.) G. Don

别名: 福建茶。

科属: 紫草科,基及树属。

形态特征: 灌木,高 1 ~ 3m,具褐色树皮,多分枝;分枝细弱,幼基及树嫩时被稀疏短硬毛。叶在长枝上互生,在短枝上簇生,革质,倒卵形或匙形,先端圆形或截形、具粗圆齿,基部渐狭为短柄,边缘上部有少数牙齿,上面有短硬毛或斑点,下面近无毛。团伞花序开展;花序梗细弱,被毛;花梗极短,或近无梗;花萼裂至近基部,裂片线形或线状倒披针形,中部以下渐狭,被开展的短硬毛,内面有稠密的伏毛;花冠钟状,白色,或稍带红色,披针形,裂片长圆形,伸展,较筒部长;花丝着生花冠筒近基部,花药长圆形,伸出;花柱无毛。核果直径 3 ~ 4mm,内果皮圆球形,具网纹,直径 2 ~ 3mm,先端有短喙。

产地及分布: 在世界上分布于亚洲南部、东南部及大洋洲的巴布亚新几内亚及所罗门群岛。

黄脉爵床 *Sanchezia nobilis* Hook.f.

别名：黄脉单药花、金脉爵床、金鸡腊。

科属：爵床科，黄脉爵床属。

形态特征：灌木，高达2m。叶具1～2.5cm的柄，叶片矩圆形、倒卵形，顶端渐尖，或尾尖，基部楔形至宽楔形，下沿，边缘为波状圆齿，侧脉7～12条。干时常黄色。顶生穗状花序小，苞片大；雄蕊4，花丝细长，伸出冠外，疏被长柔毛，花药2室，密被白色毛，背着，基部稍叉开；花柱细长，柱头伸出管外，高于花药。

产地及分布：在我国广东、海南、香港、云南等地栽培，原产于厄瓜多尔。

蓝花草 *Ruellia simplex* C. Wright

别名：翠芦莉、兰花草。

科属：爵床科，芦莉草属。

形态特征：草本植物，茎直立，叶柄、花序轴和花梗均无毛，地生叶，上部分枝。叶片五角形，三全裂，茎上部叶渐变小。总状花序数个组成圆锥花序；花梗斜上展，小苞片生于花梗中部，钻形，萼片蓝紫色，卵形或椭圆形，距钻形，花色为蓝紫色、粉红色、白色等，退化雄蕊蓝色，瓣片二裂稍超过中部，腹面有黄色髯毛，爪与瓣片近等长，雄蕊无毛；心皮无毛。种子倒卵球形，密生波状横翅。7～8月开花。

产地及分布：原产于墨西哥，后在欧洲、日本等地广为栽培。

应用：适生长性强，耐高温能力强，在园林绿化上有广阔应用前景。

火焰树 *Spathodea campanulata* Beauv.

别名：火焰木、火烧花、喷泉树、苞萼木。

科属：紫葳科，火焰树属。

形态特征：落叶乔木，高达10m。一至二回羽状复叶；小叶（9）13～17，叶椭圆形或倒卵形，先端渐尖，基部圆，全缘，下面脉上被柔毛，基部具2～3腺体；叶柄短，被微柔毛。花序被褐色微柔毛。苞片披针形：小苞片2；花萼佛焰苞状，被茸毛，先端外弯，开裂，基部全缘；花冠一侧膨大，基部细筒状，檐部近钟状，橘红色，具紫红色斑点，内有突起条纹，裂片5，宽卵形，不等大，具纵褶纹，外面橘红色，内面橘黄色；柱头卵圆状披针形，2裂。蒴果黑褐色，长15～25cm，宽3.5cm。种子具周翅，近热带珍贵观赏树种。花期4～5月。

产地及分布：原产于非洲，现广泛栽培于印度、斯里兰卡。我国广东、福建、台湾、云南（西双版纳）均有栽培。花美丽，树形优美，是风景观赏树种。

马缨丹 *Lantana camara* Linn.

别名：五色梅、臭草、七变花。

科属：马鞭草科，马缨丹属。

形态特征：直立或蔓性的灌木，高1～2m，有时藤状，长达4m；茎枝均呈四方形，有短柔毛，通常有短而倒钩状刺。单叶对生，揉烂后有强烈的气味，叶片卵形至卵状长圆形，顶端急尖或渐尖，基部心形或楔形，边缘有钝齿，表面有粗糙的皱纹和短柔毛，背面有小刚毛，侧脉约5对。花序梗粗壮，长于叶柄；苞片披针形，长为花萼的1～3倍，外部有粗毛；花萼管状，膜质，顶端有极短的齿；花冠黄色或橙黄色，开花后不久转为深红色，花冠管两面有细短毛；子房无毛。果圆球形，直径约4mm，成熟时紫黑色。全年开花。

产地及分布：原产于美洲热带地区，现在我国台湾、福建、广东、广西见有逸生。常生长于海拔80～1500m的海边沙滩和空旷地区。世界热带地区均有分布。

花叶假连翘 *Duranta erecta* 'Variegata'

科属：马鞭草科，假连翘属。

形态特征：灌木，高达 3m；枝被皮刺，叶卵状椭圆形或卵状披针形，先端短尖或钝，基部楔形，全缘或中部以上具锯齿，被柔毛；叶片上有黄白色条纹。总状圆锥花序；花萼管状，被毛，5 裂，具 5 棱；花冠蓝紫色，稍不整齐，5 裂，裂片平展，内外被微毛；核果球形，无毛，径约 5mm，红黄色，为宿萼包被。

产地及分布：原产于热带美洲，在中国南方大量栽培供观赏。是花果兼赏的优良花灌木。

草海桐 *Scaevola taccada* (Gaertner) Roxburgh

科属：草海桐科，草海桐属。

形态特征：直立或铺散灌木，有时枝上生根，或为小乔木，中空通常无毛，但叶腋里密生一簇白色须毛。叶螺旋状排列，无柄或具短柄，匙形至倒卵形，全缘，无毛或背面有疏柔毛。聚伞花序腋生。花萼无毛，筒部倒卵状，裂片条状披针形；花冠白色或淡黄色，筒部细长，后方开裂至基部，外而干革，内而密被白色长毛，花药在花蕾中围着花柱上部，药隔超出药室，顶端成片状。核果卵球状，白色而无毛或有柔毛，直径7～10mm，有两条径向沟槽，将果分为两片，每片有4条棱，2室，每室有1颗种子。花果期4～12月。

产地及分布：产于我国台湾、福建、广东、广西。日本（琉球）、东南亚、马达加斯加、大洋洲热带、密克罗尼西亚以及夏威夷也有分布。

南美蟛蜞菊 *Sphagneticola trilobata* (L.) Pruski

科属：菊科，蟛蜞菊属。

形态特征：多年生草本。叶对生；矩圆状披针形。头状花序，腋生或顶生；边缘舌状花1列，雌性，黄色，10～12朵；中央管状花，两性，先端5裂齿。瘦果扁平，无冠毛。花期全年。

产地及分布：原产于墨西哥至热带美洲和特立尼达。现引种至亚洲、非洲和澳洲等地。

华南忍冬 *Lonicera confusa* (Sweet) DC.

别名：大金银花、黄鳝花、假金银花。

科属：忍冬科，忍冬属。

形态特征：半常绿藤本。叶纸质，卵形至卵状矩圆形。苞片披针形；花冠白色，后变黄色，唇形，筒直或有时稍弯曲，外面被多少开展的倒糙毛和长、短两种腺毛，内面有柔毛，唇瓣略短于筒；雄蕊和花柱均伸出，比唇瓣稍长，花丝无毛。果实黑色，椭圆形或近圆形，长 6 ~ 10mm。花期 4 ~ 5 月，有时 9 ~ 10 月开第二次花，果熟期 10 月。

产地及分布：产于海南、广东、浙江和广西。

澳洲鸭脚木 *Heptapleurum actinophyllum* (Endl.) Lowry & G.M.Plunkett

科属：五加科，南鹅掌柴属。

形态特征：常绿乔木，株高达 15m。掌状复叶，小叶数随成长变化很大，幼树时4～5片，长大时5～7片，至乔木时可多达16片。小叶长椭圆形，叶缘波状，无毛；花小，红色，总状花序，斜立于株顶。核果近球形，紫红色。

产地及分布：原产于澳大利亚。海南、广东、福建等地有引种栽培。

应用：澳洲鸭脚木是华南地区优良的观型、观叶植物；还可作盆景观赏。

鹅掌藤 *Heptapleurum arboricola* Hayata

别名：鹅掌蘗、狗脚蹄、汉桃叶。

科属：五加科，鹅掌柴属。

形态特征：藤状灌木，高 2 ～ 3m；小枝有不规则纵皱纹，无毛。叶有小叶 7 ～ 9，稀 5 ～ 6 或 10；叶柄纤细，无毛；花梗均疏生星状茸毛；花白色；萼边缘全缘，无毛；花瓣 5 ～ 6，有 3 脉，无毛；雄蕊和花瓣同数而等长；子房 5 ～ 6 室；无花柱，柱头 5 ～ 6；花盘略隆起。果实卵形，有 5 棱，连花盘长 4 ～ 5mm，直径 4mm；花盘五角形，长为果实的 1/4 ～ 1/3。花期 7 月，果期 8 月。

产地及分布：原产地主要为中国台湾、广西、广东地区。

第五章

常见农田杂草识别

第一节　农田杂草概况

　　农田杂草是指生长在有害于人类生存和活动场地的植物，一般是非栽培的野生植物或对人类无用的植物。广义的杂草则是指生长在对人类活动不利或有害于生产场地的一切植物。全球经定名的植物有三十余万种，认定为杂草的植物有 8000 余种；在我国可查出的植物名称有 36000 多种，认定为杂草的植物有 119 科 1200 多种。除可按植物学方法分类外还可按其对水分的适应性分为水生、沼生、湿生和旱生，按化学防除的需要分为禾草、莎草和阔叶草，此外还可根据杂草的营养类型、生长习性和繁殖方式等进行分类。其生物学特性表现为：传播方式多、繁殖与再生力强、生活周期一般比作物短、成熟的种子随熟随落、抗逆性强、光合作用效率高等（曹申林，2021）。

图 5-1　水稻田景观

农田杂草是除种植农作物以外的草本植物。区别于生长在别的生境里的杂草，农田杂草很难在路边找到。高大的蓬类、蒿类和蔓延性藤本多生长于路边、沟间和田间垄上，而地锦、马齿览、血见愁、打碗花、节节草、小蓟等不耐践踏的植物则混生于禾谷类作物之间，禾本科杂草则分布广泛。这不仅与杂草本身的特性有关，也与人类生产活动有一定的联系。农田杂草可以随河流灌溉而带进农田，随作物引种迁入，而洋地黄这类药用植物可能由于人们不断拣拾其根而在某块田野中消失。很多农艺措施如轮作和合理密植，对杂草生长起着控制作用。各种杂草通过长期的自然选择而生存下来。主要原因有以下几个方面：①繁殖力强，有以种子的有性生殖，也有以根茎的无性生殖方式；②种子的活力强，在土壤中能保存几年乃至十几年；③传播方式多，如借助风力、水流、鸟兽等；④抗逆性强，如耐涝、耐旱、耐低温、耐瘠薄、耐盐碱、耐践踏等（Guo et al., 2022）。所有这些都加重了农业生产的负担和劳动成本，因而灭草就成为夺取农业丰收的重要课题。通过对农田杂草调查的具体实践，摸清农田杂草的种类、分布和危害等发生特点，为今后结合农田杂草发生特点，以提高粮食产量与品质为目标采取切实有效的防治技术提供科学的依据。

图 5-2　水稻田周边常见的杂草

第二节　常见的农田杂草

香附子 *Cyperus rotundus* Linn.

别名：草地罩草、地沟草、地赖根。

科属：莎草科，莎草属。

形态特征：匍匐根状茎长，具椭圆形块茎。秆稍细弱，锐三棱形，平滑，基部呈块茎状。叶较多，平张；鞘棕色，常裂成纤维状。叶状苞片 2～3（5）枚；长侧枝聚伞花序简单或复出；穗状花序轮廓为陀螺形，稍疏松，具 3～10 个小穗；小穗斜展开，线形，具 8～28 朵花；小穗轴具较宽的、白色透明的翅；鳞片稍密覆瓦状排列，膜质，卵形或长圆状卵形，顶端急尖或钝，无短尖，中间绿色，两侧紫红色或红棕色；雄蕊 3，花药长，线形，暗血红色，药隔突出于花药顶端；花柱长，柱头 3，细长，伸出鳞片外。小坚果长圆状倒卵形，三棱形，长为鳞片的 1/3～2/5，具细点。花果期 5～11 月。

产地及分布：产于我国陕西、甘肃、山西、河南、河北、山东、江苏、浙江、江西、安徽、云南、贵州、四川、福建、广东、广西、台湾等。广布于世界各地。

白茅 *Imperata cylindrica* (Linnaeus) Raeuschel

别名：茅针、茅根、白茅根。

科属：禾本科，白茅属。

形态特征：多年生，具粗壮的长根状茎。秆直立，具1～3节，节无毛。叶鞘聚集于秆基，质地较厚；叶舌膜质，紧贴其背部或鞘口具柔毛，分蘖叶片扁平，质地较薄；秆生叶片窄线形，通常内卷，基部上面具柔毛。圆锥花序稠密，基盘具丝状柔毛；两颖草质及边缘膜质，近相等，常具纤毛，脉间疏生长丝状毛，第一外稃卵状披针形，长为颖片的2/3，无脉，顶端尖或齿裂，第二外稃与其内稃近相等，卵圆形，顶端具齿裂及纤毛；雄蕊2枚；花柱细长，柱头2，紫黑色，羽状，自小穗顶端伸出。颖果椭圆形，花果期4～6月。

产地及分布：产于辽宁、河北、山西、山东、陕西、新疆等北方地区，生于低山带平原河岸草地、沙质草甸、荒漠与海滨。也分布于非洲北部、土耳其、伊拉克、伊朗、中亚、高加索及地中海区域。模式标本采自法国南部。

马㼛儿 *Zehneria japonica* (Thunb.) H.Y. Liu

别名：马交瓜儿、老鼠拉冬瓜、马交儿。

科属：葫芦科，马㼛儿属。

形态特征：攀缘或平卧草本。块根薯状。茎枝纤细，有棱沟，无毛。卷须不分枝。叶柄细，三角状卵形、卵状心形或戟形，不分裂或 3 ~ 5 浅裂，上面深绿色，脉上极短的柔毛，背面淡绿色，无毛，脉掌状。雌雄同株；雄花单生或稀 2 ~ 3 朵生于短的总状花序上，花序梗纤细，极短，花梗丝状，花萼宽钟形，萼齿 5，花冠 5 裂，淡黄色，有极短的柔毛，雄蕊 3，2 枚 2 室，1 枚 1 室，有时全部 2 室；雌花在与雄花同一叶腋内单生或双生，子房狭卵形，柱头 3 裂，退化雄蕊腺体状。果实长圆形或狭卵形，成熟后橘红色或红色。种子灰白色，卵形，基部稍变狭，边缘不明显。花期 4 ~ 7 月，果期 7 ~ 10 月。

产地及分布：常生于林中阴湿处及路旁、田边及灌丛中。分布于海南、江苏、浙江、江西、福建、湖北、湖南、广东、广西、四川、贵州、云南等地。

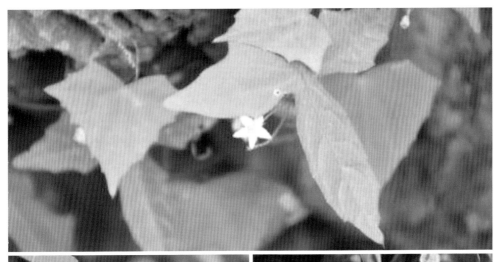

叶下珠 *Phyllanthus urinaria* L.

别名：珠仔草、假油甘、龙珠草。

科属：叶下珠科，叶下珠属。

形态特征：高10～60cm，茎通常直立，基部多分枝，枝倾卧而后上升；枝具翅状纵棱，上部被纵列疏短柔毛。花同株；雄花2～4朵簇生于叶腋，通常仅上面1朵开花，下面的很小；花梗基部有苞片1～2枚；萼片6，倒卵形，顶端钝；雄蕊3，全部合生成柱状；粒长球形，通常具5孔沟，少数3、4、6孔沟，内孔横长椭圆形；雌花单生于小枝中下部的叶腋内；萼片6，近相等，卵状披针形，边缘膜质，黄白色；圆盘状，边全缘；子房卵状，有鳞片状凸起，花柱分离，顶端2裂，裂片弯卷。

产地及分布：分布于中国华东、华中、华南、西南等地区，印度、斯里兰卡、中南半岛、日本、马来西亚、印度尼西亚至南美也有分布。

火炭母 *Persicaria chinensis* (L.) H. Gross

别名：翅地利、火炭星、火炭藤。

科属：蓼科，蓼属。

形态特征：草本稀灌木或小乔木。叶为单叶，互生，稀对生或轮生，边缘通常全缘，有时分裂，具叶柄或近无柄；托叶通常联合成鞘状（托叶鞘），膜质，褐色或白色，顶端偏斜、截形或2裂。花序穗状、总状、头状或圆锥状，顶生或腋生；花较小，两性，稀单性，雌雄异株或雌雄同株，辐射对称；花梗通常具关节；花被3～5深裂，覆瓦状或花被片6成2轮，宿存，背部具翅、刺或小瘤；雄蕊6～9，稀较少或较多，花丝离生或基部贴生，花药2室，纵裂；花盘环状，腺状或缺，子房上位，1室，心皮通常3，稀2～4，合生，花柱2～3，稀4，离生或下部合生，柱头头状、盾状或画笔状，胚珠1，直生，极少倒生。

产地及分布：世界性分布，但主产于北温带，少数分布于热带，我国有13属，235种，37变种，产于全国各地。

土牛膝 *Achyranthes aspera* Linn.

别名：白马鞭草、白牛膝。

科属：苋科，牛膝属。

形态特征：多年生草本，高20～120cm；根细长，土黄色；茎四棱形，有柔毛，节部稍膨大，分枝对生。叶片纸质，宽卵状倒卵形或椭圆状矩圆形，顶端圆钝，具突尖，基部楔形或圆形，全缘或波状缘；叶柄密生柔毛或近无毛。穗状花序顶生，直立；总花梗具棱角，粗壮，坚硬，密生白色伏贴或开展柔毛；花疏生；苞片披针形，顶端长渐尖，小苞片刺状，坚硬，光亮，常带紫色，基部两侧各有1个薄膜质翅，全缘，全部贴生在刺部；花被片披针形，长渐尖，花后变硬且锐尖，具1脉；退化雄蕊顶端截状或细圆齿状，有具分枝流苏状长缘毛。胞果卵形，长2.5～3mm。种子卵形，不扁压，长约2mm，棕色。花期6～8月，果期10月。

产地及分布：产于湖南、江西、福建、台湾、广东、广西、四川、云南、贵州。印度、越南、菲律宾、马来西亚等地也有分布。

莲子草 *Alternanthera sessilis* (Linnaeus) R. Brown ex Candolle

科属：苋科，莲子草属。

形态特征：多年生草本，高 10～45cm；圆锥根粗；茎上升或匍匐，绿色或稍带紫色，有条纹及纵沟。叶片形状及大小有变化，条状披针形、矩圆形、倒卵形、卵状矩圆形，两面无毛或疏生柔毛；叶柄无毛或有柔毛。头状花序 1～4 个，腋生，初为球形，后渐成圆柱形；花密生；花被片卵形，白色，顶端渐尖或急尖，无毛，具 1 脉；雄蕊 3，花药矩圆形；退化雄蕊三角状钻形，顶端渐尖；花柱极短，柱头短裂。胞果倒心形，长 2～2.5mm，侧扁，翅状，深棕色，包在宿存花被片内。种子卵球形。花期 5～7 月，果期 7～9 月。

产地及分布：产于安徽、江苏、浙江、江西、湖南、湖北、四川、云南、贵州、福建、台湾、广东、广西。印度、缅甸、越南、马来西亚、菲律宾等地也有分布。

丰花草 *Spermacoce pusilla* Wall.

别名： 长叶鸭舌癀、波利亚草。

科属： 茜草科，纽扣草属。

形态特征： 直立、纤细草本，高 15～60cm；茎单生，很少分枝，四棱柱形，粗糙，节间延长。叶近无柄，革质，线状长圆形，顶端渐尖，基部渐狭，两面粗糙，干时边缘背卷，鲜时深绿色；侧脉极不明显；托叶近无毛，顶部有数条浅红色长于花序的刺毛。花多朵丛生成球状生于托叶鞘内，无梗；小苞片线形，透明，长于花萼；花冠近漏斗形，白色，顶端略红，冠管极狭，柔弱，无毛，顶部 4 裂，蒴果长圆形或近倒卵形，基部无毛，近顶部被毛，成熟时从顶部开裂至基部，隔膜脱落；种子狭长圆形，一端具小尖头，一端钝，干后褐色，具光泽并具横纹。花果期 10～12 月。

产地及分布： 产于海南、安徽、浙江、江西、台湾、广东、香港、广西、四川、贵州、云南。生于低海拔的草地和草坡。分布于热带非洲和亚洲。

鸡屎藤 *Paederia foetida* Linn.

别名：臭鸡矢藤、臭鸡屎藤、鸡矢藤。

科属：茜草科，鸡屎藤属。

形态特征：藤本，茎长 3 ~ 5m，无毛或近无毛。叶对生，纸质或近革质，卵形、卵状长圆形至披针形，顶端急尖或渐尖，基部楔形或近圆或截平；托叶无毛。圆锥花序式的聚伞花序腋生和顶生，扩展，分枝对生，末次分枝上着生的花常呈蝎尾状排列；萼管陀螺形，萼檐裂片 5，裂片三角形；花冠浅紫色，外面被粉末状柔毛，里面被茸毛，顶部 5 裂，裂片顶端急尖而直，花药背着，花丝长短不齐。果球形，成熟时近黄色，有光泽，平滑，顶冠以宿存的萼檐裂片和花盘；小坚果无翅，浅黑色。花期 5 ~ 7 月。

产地及分布：产于海南、陕西、甘肃、山东、江苏、安徽、江西、浙江、福建、台湾、河南、湖南、广东、香港、广西、四川、贵州、云南。分布于朝鲜、日本、印度等。

墨苜蓿 *Richardia scabra* Linn.

别名：拟鸭舌癀、李察草、拟鸭舌黄。

科属：茜草科，墨苜蓿属。

形态特征：一年生匍匐或近直立草本，长可至 80 余厘米；主根近白色。茎近圆柱形，被硬毛，疏分枝。叶厚纸质，卵形、椭圆形或披针形，顶端通常短尖，钝头，基部渐狭，两面粗糙，边上有缘毛；托叶鞘状，边缘有数条刚毛。头状花序有花多朵，顶生，总梗顶端有 1 或 2 对叶状总苞，分为 2 对时，则里面 1 对较小，总苞片阔卵形；花 6 或 5 数；花冠白色，漏斗状或高脚碟状，管里面基部有一环白色长毛，裂片 6，盛开时星状展开，偶有薰衣草的气味；雄蕊 6，伸出或不伸出；子房通常有 3 心皮，柱头头状，3 裂。分果瓣 3，长圆形至倒卵形，背部密覆小乳凸和糙伏毛，腹面有一条狭沟槽，基部微凹。花期春夏间。

产地及分布：原产于热带美洲，为该地耕地和旷野杂草。约在 20 世纪 80 年代传入我国南部，见于海南乐东及西沙群岛、香港、广东博罗县罗浮山等地。

少花龙葵 *Solanum americanum* Mill.

别名： 白花菜、古钮菜、打卜子。

科属： 茄科，茄属。

形态特征： 纤弱草本，茎无毛或近于无毛，高约1m。叶薄，卵形至卵状长圆形，先端渐尖，基部楔形下延至叶柄而成翅，叶缘近全缘，波状或有不规则的粗齿，两面均具疏柔毛；叶柄纤细，具疏柔毛。花序近伞形，腋外生，纤细，具微柔毛，着生1～6朵花，花小；萼绿色，5裂达中部，裂片卵形，先端钝，具缘毛；花冠白色，筒部隐于萼内，5裂，裂片卵状披针形；花丝极短，花药黄色，长圆形，为花丝长度的3～4倍，顶孔向内；子房近圆形，花柱纤细，中部以下具白色茸毛，柱头小，头状。浆果球状，直径约5mm，幼时绿色，成熟后黑色；种子近卵形，两侧压扁，直径1～1.5mm。几乎全年开花结果。

产地及分布： 产于我国云南南部、江西、湖南、广西、广东、台湾等地的溪边、密林阴湿处或林边荒地。分布于马来群岛。

水茄 *Solanum torvum* Swartz

别名： 山颠茄、刺茄、水茄。

科属： 茄科，茄属。

形态特征： 灌木，小枝，叶下面，叶柄及花序柄均被具长柄，短柄或无柄稍不等长 5 ~ 9 分枝的尘土色星状毛。小枝疏具基部宽扁的皮刺，皮刺淡黄色，基部疏被星状毛，尖端略弯曲。叶单生或双生，卵形至椭圆形。叶柄具 1 ~ 2 枚皮刺或不具。伞房花序腋外生，花梗被腺毛及星状毛；花白色；萼杯状，外面被星状毛及腺毛，端 5 裂，裂片卵状披针形，先端渐尖，外面被星状毛；花药顶孔向上；子房卵形，光滑，不孕花的花柱短于花药，能孕花的花柱较长于花药；柱头截形；浆果黄色，光滑无毛，圆球形，宿萼外面被稀疏的星状毛，果柄上部膨大；种子盘状。全年均开花结果。

产地及分布： 产于云南、广西、广东、台湾。普遍分布于热带印度，东经缅甸、泰国，南至菲律宾、马来西亚，也分布于热带美洲。

藿香蓟 *Ageratum conyzoides* Sieber ex Steud.

别名：胜红蓟、臭垆草。

科属：菊科，藿香蓟属。

形态特征：一年生草本。茎粗壮，下基部平卧而节常生不定根。全部茎枝淡红色，或上部绿色。叶对生，有时上部互生，常有腋生的不发育的叶芽。中部茎叶卵形或椭圆形或长圆形；头状花序 4 ～ 18 个在茎顶排成通常紧密的伞房状花序；总苞钟状或半球形，总苞片 2 层，长圆形或披针状长圆形。花冠外面无毛或顶端有尘状微柔毛，檐部 5 裂，淡紫色。瘦果黑褐色，5 棱，有白色稀疏细柔毛。冠毛膜片 5 或 6 个，长圆形，顶端急狭或渐狭成长或短芒状，或部分膜片顶端截形而无芒状渐尖；全部冠毛膜片长 1.5 ～ 3mm。花果期全年。

产地及分布：产于中南美洲。广泛分布于非洲全境、印度、印度尼西亚、老挝、柬埔寨、越南等地。我国海南、广东、广西、云南、贵州、四川、江西、福建等也有分布。

鬼针草 *Bidens pilosa* Linn

别名：三叶鬼针草、鬼碱草。

科属：菊科，鬼针草属。

形态特征：一年生草本，茎直立，钝四棱形，无毛或上部被极稀疏的柔毛。茎下部叶较小，3裂或不分裂，中部叶具无翅的柄，小叶3枚，很少为具5（～7）小叶的羽状复叶，两侧小叶椭圆形或卵状椭圆形，先端锐尖，具短柄，边缘有锯齿，顶生小叶较大，长椭圆形或卵状长圆形，先端渐尖，基部渐狭或近圆形，边缘有锯齿，3裂或不分裂，条状披针形。头状花序。总苞基部被短柔毛，苞片7～8枚，条状匙形，上部稍宽，边缘疏被短柔毛或几无毛，外层托片披针形，干膜质，背面褐色，具黄色边缘，内层较狭，条状披针形。无舌状花，盘花筒状，冠檐5齿裂。瘦果黑色，具棱，上部具稀疏瘤状突起及刚毛，顶端芒刺3～4枚，具倒刺毛。

产地及分布：产于华东、华中、华南、西南各地区。生于村旁、路边及荒地中。广布于亚洲和美洲的热带和亚热带地区。

鳢肠 *Eclipta prostrata* (Linn.) Linn.

别名：旱莲草、墨草、白花蟛蜞草。

科属：菊科，鳢肠属。

形态特征：一年生草本。茎直立，斜升或平卧，高达60cm。叶长圆状披针形或披针形，无柄或有极短的柄。头状花序径6～8mm，有长2～4cm的细花序梗；外围的雌花2层，舌状，舌片短，顶端2浅裂或全缘，中央的两性花多数，花冠管状，白色，顶端4齿裂；花柱分枝钝，有乳头状突起；花托凸，有披针形或线形的托片。瘦果暗褐色，长2.8mm，雌花的瘦果三棱形，两性花的瘦果扁四棱形，顶端截形，具1～3个细齿，基部稍缩小，边缘具白色的肋，表面有小瘤状突起，无毛。花期6～9月。

产地及分布：产于全国各地区。生于河边，田边或路旁。世界热带及亚热带地区广泛分布。

金腰箭 *Synedrella nodiflora* (L.) Gaertn.

别名：水慈姑、猪毛草、苞壳菊。

科属：菊科，金腰箭属。

形态特征：一年生草本。茎直立，高 0.5～1m。下部和上部叶具柄，阔卵形至卵状披针形。小花黄色；雌花瘦果倒卵状长圆形，扁平，深黑色，边缘有增厚、污白色宽翅，翅缘各有 6～8 个长硬尖刺；冠毛 2，挺直，刚刺状，向基部粗厚，顶端锐尖；两性花瘦果倒锥形或倒卵状圆柱形，黑色，有纵棱，腹面压扁，两面有疣状突起，腹面突起粗密；冠毛 2～5，叉开，刚刺状，等长或不等长，基部略粗肿，顶端锐尖。花期 6～10 月。

产地及分布：产于中国东南至西南部各地区，东起台湾，西至云南。

羽芒菊 *Tridax procumbens* Linn.

别名： 长柄菊、长梗菊。

科属： 菊科，羽芒菊属。

形态特征： 多年生铺地草本。茎纤细，平卧，节处常生多数不定根。叶片披针形或卵状披针形。头状花序少数，单生于茎、枝顶端；花序梗被白色疏毛，花序下方的毛稠密；总苞钟形；总苞片2～3层，外层绿色，卵形或卵状长圆形，顶端短尖或凸尖，背面被密毛，内层无毛，顶端凸尖，最内层线形，鳞片状；花托稍突起，托片顶端芒尖或近于凸尖。雌花1层，舌状，舌片长圆形，顶端2～3浅裂；两性花多数，花冠管状，被短柔毛，上部稍大，檐部5浅裂，裂片长圆状或卵状渐尖，边缘有时带波浪状。瘦果陀螺形、倒圆锥形或稀圆柱状，干时黑色，密被疏毛。冠毛上部污白色，下部黄褐色，羽毛状。花期11月至翌年3月。

产地及分布： 产于我国台湾至东南部沿海各省及其南部一些岛屿。

夜香牛 *Cyanthillium cinereum* (L.) H. Rob.

别名：假咸虾花、寄色草、染色草。

科属：菊科，夜香牛属。

形态特征：一年生或多年生草本，高 20 ~ 100cm。下部和中部叶具柄，菱状卵形，菱状长圆形或卵形。头状花序多数，或稀少数，具 19 ~ 23 个花，在茎枝端排列成伞房状圆锥花序；花序梗具线形小苞片或无苞片，被密短柔毛；总苞钟状；总苞片4 层，绿色或有时变紫色，外层线形，顶端渐尖，中层线形，内层线状披针形，顶端刺状尖，具 1 条脉或有时上部具多少明显 3 脉，花托平，具边缘具细齿的窝孔；花淡红紫色，花冠管状，被疏短微毛。瘦果圆柱形，顶端截形，基部缩小，被密短毛和腺点；冠毛白色，2 层，外层多数而短，内层近等长，糙毛状。花期全年。

产地及分布：广泛分布于海南、浙江、江西、福建、台湾、湖北、湖南、广东、广西、云南和四川等地区。印度至中南半岛、日本、印度尼西亚、非洲也有分布。

第六章

海南省热带名优水果特征与识别

第一节 热带水果概况

热带水果（tropical fruit）就是生长在热带地区的水果。大部分热带水果是常绿乔木，少量草本植物，具有茎生花、肉质果等特征，适应热带雨林气候。世界热带地区约 $5.3 \times 10^7 km^2$，主要热带作物有天然橡胶、油棕、椰子、木薯、甘蔗、胡椒、槟榔、香草兰、咖啡、可可、香蕉、杧果、菠萝、番木瓜、鳄梨和腰果等。世界热带作物在近半个世纪以来发展较快，据世界粮农组织（FAO）统计，2013 年全球主要热带作物收获面积、产量分别达到 $1.38 \times 10^8 hm^2$、$2.90 \times 10^9 t$。多数作物产自亚洲地区，主产国主要是印度、中国、巴基斯坦和东盟十国；其次是美洲地区、非洲地区，主产国主要有巴西、尼日利亚、墨西哥和哥伦比亚；大洋洲仅占了极少份额。如亚洲的天然橡胶、油棕、热带水果、椰子和蕉麻等；非洲的木薯、可可和香料等；拉丁美洲的咖啡、甘蔗、香蕉、剑麻等产量均居世界第一位。

亚洲、非洲、拉丁美洲和加勒比海地区是世界热带水果的主产区，尤其东南亚是世界热带水果的主要产销地。泰国、菲律宾、印度尼西亚和越南等国家的热带水果产量处于世界前列，如菠萝、香蕉、番木瓜等，因此，菲律宾、越南、泰国、马来西亚、印度尼西亚等东盟国家是世界著名的"热带水果之乡"，四季均可生产种类繁多的热带干鲜水果，这些地区既是世界上大宗热带干鲜水果（例如香蕉、菠萝、杧果、木瓜、腰果等）的重要产地，也出产大量的珍稀热带水果，例如榴梿、龙眼和红毛丹等。东盟各国热带水果总产量为 $2.75 \times 10^7 t$，占世界总产量的 20.60%，其种植面积为 $2.71 \times 10^6 hm^2$，占世界总收获面积的 24.27%。东盟是世界上最重要的热带水果产地之一，主要热带水果的生产面积和产量都处于世界前列。

我国是世界热带水果生产大国之一，产区主要分布在热带和亚热带地区。由于受自然资源、劳动力资源的约束以及东盟自由贸易的迅速发展，我国热带水果产业发展压力明显增加。2017 年，我国热带、南亚热带作物种植总面积 6575.56 万亩（1 亩 =667m^2），总产值 1376.49 亿元，较 2016 年增长 10.00%；进出口贸易额 218.17 亿美元，较 2016 年增长 23.36%，贸易逆差 195.54 亿美元，较 2016 年增长 34.57%。海南省的水果种植面积从 2008 到 2018 十一年间，出现波动式增长的趋势（表 6-1）。

表 6-1　2008 ~ 2018 年海南省热带水果生产概况

年份	种植面积 / 万亩	当年新种 / 万亩	收获面积 / 万亩	总产量 / 万吨
2008	256.62	32.30	190.71	246.12
2009	255.90	42.52	204.60	267.90
2010	261.80	40.90	208.38	285.35
2011	269.37	48.78	221.60	308.17
2012	269.68	39.96	227.09	334.63
2013	256.65	31.67	226.89	342.54
2014	248.05	33.47	210.16	311.35
2015	243.30	23.14	204.22	296.68
2016	240.30	18.89	205.53	291.53
2017	251.30	23.77	210.60	303.81
2018	256.08	26.88	225.71	322.12

近年来，随着种植技术水平的提高，我国热带水果产量多靠单产增长拉动，热带水果生产面积稳中有升，产量逐年增长（图 6-1，2016、2017 年我国热带水果面积和产量呈现下降趋势）。FAO 数据显示，2007 年中国热带水果总产量占世界热带水果总产量的 28.08%。

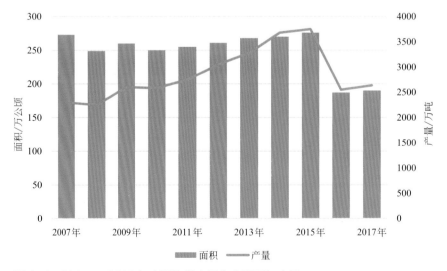

图 6-1　2007 ~ 2017 年中国热带水果生产面积与产量

目前水果消费量逐年上升，无公害、绿色、有机水果的消费量日益递增，且其具有保健和美容等功能。我国热带、南亚热带作物种植区简称"热区"，土地总面积 $4.8 \times 10^5 km^2$，占全国土地总面积的 5%，得天独厚的光热条件使得该区域成为我国发展热带水果产业的最佳地理位置。我国热带水果主要有香蕉、菠萝、杧果、龙眼、荔枝、椰子、阳桃、番木瓜、番石榴、波罗蜜、洋蒲桃、黄皮和鳄梨等（图6-2），主要分布在地处热带、南亚热带的海南、广东、广西、云南、福建和台湾等六地区，热带水果产业是生活在热带地区 1.6 亿人民群众生产及创收的重要来源。在当今农业经济国际化及中国－东盟自由贸易区建立的背景下，中国热带水果产业面临更加激烈的国际竞争，因此全面分析热带水果产业现状，研究其制约因素，变挑战为机遇，摸清我国热带水果家底，发挥我国热带资源优势，创制新品种提高我国热带水果竞争力，具有非常重要的理论和现实意义。

图6-2　海南省琼海盛大现代农业开发有限公司栽培的部分热带水果

第二节　海南省热带名优水果

海南省地处热带北缘，属热带季风气候，素来有"天然大温室"的美称，这里长夏无冬，年平均气温 22 ～ 27℃，大于或等于 10℃ 的积温为 8200℃，最冷的一月份温度仍达 17 ～ 24℃，年光照为 1750 ～ 2650h，光照率为 50% ～ 60%，光温充足，光合潜力高。海南省栽培和野生的果树有 29 科 53 属 400 余种，为世界上其他果区所罕见。其中属本岛原产的果树种有龙眼、荔枝、芭蕉、桃金娘、锥栗、橄榄、杨梅、酸豆和余甘子等。从南洋群岛和外地引进的树种有榴莲、人心果、腰果、油梨（鳄梨）、番石榴、甜蒲桃、波罗蜜、杧果、莽吉柿等。2020 年水果收获面积为 $1.95 \times 10^5 hm^2$，全年产量 $4.95 \times 10^6 t$，主要盛产香蕉、杧果、荔枝、菠萝、龙眼等，其中荔枝主产区主要为海口市、文昌市和澄迈县等海南省北部地区，杧果主产区主要为三亚市、乐东县、东方市和陵水县等海南省南部地区，菠萝主要产区为海南省万宁市，龙眼产于屯昌县、文昌市和定安县等地。在政府的政策扶持下，海南省热带水果的产量稳步上升，促进就业和农民增收的同时，也带动了周边产业的发展，海南省热带水果产业占农业总产值的 1/3，热带水果种植业已成为海南省的经济增长点和支柱产业。

海南省自贸区、自贸港建设是一次难得的历史机遇，海南省自身也有着难得的热带资源优势，将机遇和优势结合，让海南省热带水果生产更高效、品质更优，这些是时代赋予海南省的水果产业发展契机。而发展热带水果产业，品种是基础，技术是保障。通过引进全球顶级的新品种水果，形成产业闭环，生产高品质、高附加值、高科技含量的产品，做精做优热带特色高效农业，建设知名海南省热带水果品牌，助力海南省水果产业升级，从而带动海南省经济腾飞。

海南省琼海市是亚洲博鳌论坛所在地，拥有较高的世界知名度，同时农业基础较好，综合其他因素考虑，适宜在琼海建立新奇特热带果树种质资源中心，同时兼顾热带水果种质资源收集、保存、鉴评、交易、新品种培育和产权保护、新品种推广、示范与加工为目的打造世界热带水果之窗。同时在海南省西部东方市和海南省中部五指山市建立种质资源分圃和品种培育分中心。在琼海推广应用新的品种，研究精深加工技术，先行先试，并根据海南省以及我国其他省份当地资源禀赋优势、区域特色，推广热带水果的标准化种植和精深加工，形成我国热带水果差异化发展的产业格局。在做好国内热带水果产业的同时，将产品和技术辐射到"一带一路"沿线国家，在海南省培育以我国品种技术为核心的外向型热带水果产业。

综上所述，纵观世界水果产业发展，种质资源一直是水果产业做大做强的根本条件之一，也是产业健康良性发展的关键因素。而目前开发利用新、奇、特热带水果种质资源，选育丰产、优质的稀、特、优栽培品种，加快产业化步伐更是助力水果产业发展的重要手段。

番荔枝 *Annona squamosa* L.

科属：番荔枝科，番荔枝属。

形态特征：落叶小乔木；树皮薄，灰白色，多分枝。叶薄纸质，椭圆状披针形，叶背苍白绿色；侧脉上面扁平，下面凸起。花单生或2～4朵聚生于枝顶或与叶对生，青黄色。花期5～6月，果期6～11月。

产地及分布：中国海南、台湾、福建、广东、广西和云南等地区均有栽培。原产于热带美洲；现全球热带地区有栽培。

应用：果可食用，外形酷似荔枝，故名"番荔枝"，为热带地区著名水果。常见品种有土种番荔枝、凤梨番荔枝、刺果番荔枝、贵妃红释迦、黄龙释迦、牛奶大目释迦、伊拉玛释迦。

槟榔 *Areca catechu* Linn.

别名：槟楠、大白槟、大腹子。

科属：棕榈科，槟榔属。

形态特征：茎直立，乔木状，高10多米，最高可达30m，有明显的环状叶痕。叶簇生于茎顶，羽片多数，两面无毛，狭长披针形，顶端有不规则齿裂。雌雄同株，花序多分枝，花序轴粗壮压扁，分枝曲折，着生1列或2列的雄花，而雌花单生于分枝的基部；雄花小，无梗，通常单生，萼片卵形，花瓣长圆形，雄蕊6枚，花丝短，退化雌蕊3枚，线形；雌花较大，萼片卵形，花瓣近圆形，退化雄蕊6枚，合生；子房长圆形。果实长圆形或卵球形，橙黄色，中果皮厚，纤维质。种子卵形，基部截平，胚乳嚼烂状，胚基生。花果期3～4月。

产地及分布：产于海南、云南及台湾等热带地区。亚洲热带地区广泛栽培。

应用：传统医学认为，槟榔具有"杀虫，破积，降气行滞，行水化湿"的功效。

椰子 *Cocos nucifera* Linn.

别名： 椰树、古古椰子、胥邪。

科属： 棕榈科，椰子属。

形态特征： 植株高大，乔木状，高15～30m，茎粗壮，有环状叶痕，基部增粗，常有簇生小根。叶羽状全裂；裂片多数，外向折叠，革质，线状披针形，顶端渐尖；叶柄粗壮。花序腋生，佛焰苞纺锤形，厚木质，老时脱落；雄花萼片3片，鳞片状，花瓣3枚，卵状长圆形，雄蕊6枚；雌花基部有小苞片数枚；萼片阔圆形，花瓣与萼片相似。果卵球状或近球形，顶端微具三棱，外果皮薄，中果皮厚纤维质，内果皮木质坚硬，基部有3孔，其中的1孔与胚相对，果腔含有胚乳（即"果肉"或种仁），胚和汁液（椰子水）。花果期主要在秋季。

产地及分布： 椰子主要产于我国海南、台湾、云南南部热带地区及广东南部诸岛及雷州半岛。

应用： 椰子具有极高的经济价值，全株各部分都有用途。

香蕉 *Musa nana* Lour.

科属：芭蕉科，芭蕉属。

形态特征：植株为大型草本，从根状茎发出，由叶鞘下部形成高3～6m的假秆；叶长圆形至椭圆形，有的长达3～3.5m，宽65cm，10～20枚簇生茎顶。穗状花序下垂，由假秆顶端抽出，花多数，淡黄色；果序弯垂，结果10～20串，50～150个。果味香、富含营养。植株结果后枯死，由根状茎长出的吸根继续繁殖，每一根株可活多年。知名品种包括阿希红香蕉。

产地及分布：原产于东南亚，海南、台湾、广东、广西、西藏等均栽培。又名佛手蕉。

食用印加树 *Inga edulis* Mart.

科属：豆科，印加树属。

形态特征：树高可达 30m，树干浅灰色，直径达 60cm；树冠宽阔，幼枝密生柔毛。叶羽状 4～6 对，深绿色，膜质，稍具短柔毛，椭圆形。腋生穗状花序，花瓣 5，茸毛状，长 14～20mm。果实圆柱形带肋，不开裂，豆荚状。种子 10～20 枚，卵形，紫黑色或橄榄色。种子周围的假种皮（果肉）白色半透明，像果冻。因其假种皮的甜美风味和光滑的质地，所以也被称为"冰激凌豆"。

产地及分布：原产于热带美洲南部。我国海南有栽培。

木奶果 *Baccaurea ramiflora* Lour.

科属：叶下珠科，木奶果属。

形态特征：常绿乔木，高 5 ~ 15m，胸径达 60cm；树皮灰褐色；叶片纸质，倒卵状长圆形、倒披针形或长圆形，顶端短渐尖至急尖，上面绿色，下面黄绿色，两面均无毛；花小，雌雄异株，无花瓣；总状圆锥花序腋生或茎生。

产地及分布：原产于东南亚。分布于印度、缅甸、泰国、越南、老挝、柬埔寨、马来西亚等。在中国分布于海南、广东、云南等南方地区。分布于海拔 1000 ~ 1300m 的山谷、山坡林地。

应用：木奶果果实味道酸甜，成熟时可吃。木材可作家具和细木工用料。树形美观，可作行道树。木奶果果实含有多种化学成分，有止咳平喘、解毒止痒之效。

豆沙果 *Bunchosia armeniaca* DC.

科属：金虎尾科，豆沙果属。

形态特征：全年可结果。

产地及分布：原产于南美洲热带及亚热带。我国海南有栽培。

应用：因成熟果实味道如花生，又有牛奶味，又名花生奶油果，可生吃也能煮食。

大果西番莲 *Passiflora quadrangularis* Linn.

科属：西番莲科，西番莲属。

形态特征：粗壮草质藤本，长 10～15m，无毛；幼茎四棱形，常具窄翅。叶膜质，宽卵形至近圆形，先端急尖，基部圆形，全缘，无毛，花序退化仅存 1 花；与叶柄对生，卷须粗壮，花梗三棱形，长 1～3cm，中部具关节，苞片叶状，卵形，浆果卵球形，肉质，熟时红黄色，种子多数，近圆形，扁平。

产地及分布：原产于热带美洲。全世界热带地区有栽培。中国海南、广东和广西有引种栽培。喜温暖，喜湿润。

应用：是公园、植物园棚架绿化和观果的好材料。成熟的果实可鲜食或加工果汁饮料，未成熟的果实也可采摘当蔬菜煮食。

巨无霸百香果 *Passiflora edulis* Sims

别名：寿桃、水蜜蛋黄果。

科属：西番莲科，西番莲属。

形态特征：草质藤本植物。长约6m；茎具细条纹，无毛；叶纸质，基部楔形或心形，无毛；聚伞花序退化仅存1花，与卷须对生；花芳香；苞片绿色，宽卵形或菱形，边缘有不规则细锯齿；浆果卵球形，直径3～4cm，无毛，熟时紫色；种子多数，卵形，花期6月，果期11月。

产地及分布：分布于大安的列斯群岛和小安的列斯群岛，广植于热带和亚热带地区。在中国栽培于海南、广东、福建、云南、台湾地区，有时生长于海拔180～1900m的山谷丛林中。

应用：果可生食或作蔬菜、饲料；入药具有兴奋、强壮之效；种子榨油，可供食用和制皂、制油漆等；花大而美丽可作庭园观赏植物。

墨西哥山竹 *Garcinia rheedei* Pierre

科属：藤黄科，藤黄属。

形态特征：树形较其他山竹偏大，果实近球形，具有薄薄的黄色果皮，果肉质量卓越，味道香甜，并带有柑橘味。果实体积偏大，直径约10cm，大约是其他山竹品种的两倍。墨西哥山竹非常耐寒，能在 −3℃的环境下存活。

产地及分布：原产于墨西哥的巴亚尔塔港地区，国内近几年有少量引种但未被推广。海南有栽培。

黄金山竹 *Garcinia humilis* (Vahl) C. D. Adams

科属：藤黄科，藤黄属。

形态特征：一种藤黄科的常绿灌木，高 2 ~ 10m。

产地及分布：原产于玻利维亚等南美洲地区。我国海南有栽培。

应用：目前澳大利亚将其作为商业水果作物种植，当地人将其作为食物、药品和材料来源。

番石榴 *Psidium guajava* L.

别名：芭乐。

科属：桃金娘科，番石榴属。

形态特征：桃金娘科乔木，高达13m；树皮平滑，灰色，片状剥落；叶片革质，长圆形至椭圆形，先端急尖或者钝，基部近圆形，上面稍粗糙，下面有毛，侧脉常下陷，网脉明显；果肉白色及黄色，胎座肥大，肉质，淡红色；种子多数。

产地及分布：原产于南美洲。中国华南各地栽培，生于荒地或低丘陵上。

应用：果供食用；叶含挥发油及鞣质等，供药用，有止痢、止血、健胃等功效。

洋蒲桃 *Syzygium samarangense* (Bl.) Merr. et Perry

别名：莲雾、紫蒲桃、水蒲桃。

科属：桃金娘科，蒲桃属。

形态特征：乔木，高 12m；嫩枝压扁。叶片薄革质，椭圆形至长圆形，先端钝或稍尖，基部变狭，圆形或微心形，上面干后变黄褐色，侧脉 14～19 对，以 45°开角斜行向上，离边缘 5mm 处互相结合成明显边脉，另在靠近边缘 1.5mm 处有 1 条附加边脉，有明显网脉；叶柄极短，有时近于无柄。聚伞花序顶生或腋生，有花数朵；花白色；萼管倒圆锥形，萼齿 4，半圆形；雄蕊极多。果实梨形或圆锥形，肉质，洋红色，发亮，长 4～5cm，顶部凹陷，有宿存的肉质萼片；种子 1 颗。花期 3～4 月，果实 5～6 月成熟。

产地及分布：原产于马来西亚及印度。我国海南、广东、台湾及广西有栽培。

应用：供食用。

长果番樱桃 *Eugenia aggregata* (Vell.) Kiaersk nom.illeg.

科属：桃金娘科，番樱桃属。

形态特征：长果樱桃产量高，果实约 4cm 长，少数可达 6cm，含糖量高，味道酸甜，带有特殊的芳香味，果皮薄，果肉紫红色，汁水丰富。未成熟果实呈青绿色，慢慢变成鲜红色，成熟时为紫红色至黑色。

产地及分布：原产于巴西。近几年引进我国，适合在南方冬天最低气温不低于 −5℃ 的地区（如海南）种植。

大果番樱桃 *Eugenia stipitata* McVaugh

科属：桃金娘科，番樱桃属。

形态特征：常绿灌木。枝叶繁茂，嫩梢紫红或红褐色。叶对生，单叶，卵形至椭圆形，长7cm，背面灰白色，表面叶脉凹入明显，叶柄短；花单生，白色，直径1.5cm，有香气；果卵球形，有8条纵沟，直径3.5cm，果皮朱红色至紫红色，可食亦可观果。

产地及分布：原产于巴西南部热带地区，又称思帝果。巴西的巴伊亚、里约热内卢等地栽培较多，美国、欧洲、印度和菲律宾等国均有栽培。我国海南也有栽培。

红粉伊人树葡萄 *Plinia phitrantha* (Kiaersk.) Sobral

别名：嘉宝果。

科属：桃金娘科，树番樱属。

形态特征：成长缓慢，树皮浅灰色，呈薄片状脱落，脱落后留下亮色斑纹。叶对生，叶柄短，有茸毛，叶片革质，深绿色有光泽，披针形或椭圆形。其花簇生于主干和主枝上，有时也长在新枝上，花小，白色，雄蕊多数，顶着淡黄色的小花粉，散发出阵阵清香。

应用：果实富含氨基酸、钙等营养成分，果皮黑，果肉透白。

梨榄 *Dacryodes edulis* (G.Don) H.J.Lam

科属：橄榄科，烛榄属。

形态特征：常绿树种。果实也称为非洲梨，椭圆形，果皮颜色深蓝色和紫色相间，长约14cm，内部果肉呈浅绿色。我国海南有栽培。

产地及分布：原产于非洲潮湿的热带雨林地区，南到安哥拉，北至尼日利亚都有分布。我国海南有栽培。

应用：据说这种含有脂肪的水果有能力终结非洲的饥饿问题，水果的48%是由必需脂肪酸、氨基酸、多种维生素等组成。据研究1hm^{2}的水果园能够产出7～8t的油，而且该果树的各个部分均有利用价值。

香椰芒 *Spondias mombim* L.

科属：漆树科，槟榔青属。

形态特征：乔木，树皮较厚且粗糙，表面有大量凸起。灰白色。叶片渐尖，边缘全缘。叶的底部偏斜。有柄。叶脉为羽状网脉，叶面无毛，偶数羽状复叶。

产地及分布：原产于南美洲。我国海南有栽培。

南洋橄榄 *Spondias dulcis* Parkinson

别名：沙梨、太平洋无核橄榄。

科属：漆树科，槟榔青属。

形态特征：乔木，叶互生，奇数羽状复叶，全缘，先端尖，果卵椭圆形，成熟时，由青色变为黄色。

产地及分布：原产于太平洋诸岛，近年国内热带地区（如海南）有引种。

枇杷杧果 *Bouea macrophylla Griff.*

别名: 美女芒。

科属: 漆树科,士打树属。

形态特征: 是近年来研发而出的新兴杧果种类。枇杷芒看似枇杷,口感却是杧果的清香润滑。果实外形娇小如鸡蛋,重量约 40g。

产地及分布: 原产于泰国。我国海南有栽培。

应用: 吃起来甘甜多汁,不但超越车厘子的清脆爽口,而且营养成分甚多,果实富含糖、蛋白质、粗纤维等,尤其是维生素 A 成分也特别高,是所有水果中少见的。

杧果 *Mangifera indica* Linn.

科属：漆树科，杧果属。

形态特征：常绿大乔木，高 10～20m；树皮灰褐色，小枝褐色，无毛。叶薄革质，常集生枝顶，叶形和大小变化较大，通常为长圆形或长圆状披针形，长 12～30cm，宽 3.5～6.5cm，先端渐尖、长渐尖或急尖，基部楔形或近圆形，边缘皱波状，无毛，叶面略具光泽，上面具槽，基部膨大。核果大，成熟时黄色，味甜，果核坚硬。图中左下为黑香芒，右下为黄金柿子芒。

产地及分布：产自云南、广西等省份（自治区）。海南有栽培。分布于印度、孟加拉国、中南半岛和马来西亚。

应用：可制果汁、果酱、罐头、腌渍、酸辣泡菜及杧果奶粉、蜜饯等。

龙眼 *Dimocarpus longan* Lour.

科属：无患子科，龙眼属。

形态特征：常绿乔木，高通常 10 余米；小叶 4～5 对，薄革质，长圆状椭圆形至长圆状披针形，两侧常不对称；花序大型，多分枝；花梗短；萼片近革质，三角状卵形；花瓣乳白色。果近球形，通常黄褐色或有时灰黄色，种子茶褐色，光亮，全部被肉质的假种皮包裹。花期春夏间，果期夏季。喜温暖湿润气候，能忍受短期霜冻。

产地及分布：龙眼原产于中国南部地区，主产于福建、台湾、广西。海南有栽培。生长在南亚热带地区。

应用：龙眼常有白龙眼、粉红龙眼和红龙眼三个品种。

指橙 *Microcitrus australasica* (F. Muell.) Swingle

科属：芸香科，指橙属。

形态特征：植株矮小，11 年生树平均高 1m。树冠紧密，枝细节密，具细小茸毛，嫩梢嫩叶带紫红色，刺多而细小，叶小，长 0.87cm，宽 0.5cm。一年多次开花，花蕾小，白色，微显紫红色，花瓣白色，3 瓣，盛开时先端向外卷。果皮淡黄色。种子小，约 30 粒，外种皮黄白色，内种皮淡紫色，合点紫色，子叶淡绿色，胚乳白色，单胚。

产地及分布：原产于澳大利亚东部和新几内亚的东南部。我国海南有栽培。

应用：中国赴美考察团于 1977 年首次从美国引入。指橙是盆栽观赏的优良材料。可供作柑橘杂交亲本，培育新品种。果实可制糖水汁胞罐头。果肉还可以加工制成酱和醋。

柑橘 *Citrus reticulate* Blanco

科属：芸香科，柑橘属。

形态特征：小乔木。花单生或 2～3 朵簇生；花萼不规则 3～5 浅裂；花瓣通常长 1.5cm 以内；雄蕊 20～25 枚，花柱细长，柱头头状。花期 4～5 月，果期 10～12 月。性喜温暖湿润气候，生长期对温度要求高。全世界有 135 个国家生产柑橘，年产量 10282.2 万吨，柑橘是世界上产量最大的水果。

产地及分布：中国柑橘分布在北纬 16°～37°之间，海拔最高达 2600m（四川巴塘），南起海南的三亚市，北至陕西、甘肃、河南，东起台湾，西到西藏的雅鲁藏布江河谷。

柚 *Citrus maxima* (Burm.) Merr.

科属：芸香科，柑橘属。

形态特征：柚子叶质颇厚，阔卵形或椭圆形；总状花序，有时兼有腋生单花。花萼不规则；种子多达20余粒，子叶乳白色，单胚。花期4～5月，果期11月。柚性喜温暖、湿润气候，不耐干旱。生长期最适温度23～29℃，能忍受－7℃低温。图中左下为帝王香柚叶片，右下为泰国宝石皇家血柚叶片。

产地及分布：原产于东南亚，在中国已有3000多年栽培历史。

应用：柚的果实表皮、花、叶还可提取优质芳香油，果皮中可提取优质果胶。果实综合利用后经济效益可望增长4倍，果肉含维生素C较高。有消食、解酒毒功效。可分为帝王香柚、泰国红宝石皇家血柚等品种。

香肉果 *Casimiroa edulis* La Llave

别名： 冰淇淋果、白柿、墨西哥苹果等。

科属： 芸香科，香肉果属。

形态特征： 成年的香肉果树高5~16m，常绿乔木。掌状复叶，小叶长椭圆形或披针形，花腋生，花冠黄绿色。此果树耐寒性优，果实球形似柿，直径可达5~10cm，皮薄膜状，果肉白或米黄色。

产地及分布： 热带和亚热带果树，原产于东部墨西哥和中美洲。我国海南有栽培。

应用： 果肉香甜软绵入口即化，冰藏后吃起来口感近似冰淇淋，成年的白柿树年产量可过千斤，是非常高产的果树品种。

柠檬 *Citrus × limon* (L.) Osbeck

别名：柠果、洋柠檬、益母果等。

科属：芸香科，柑橘属。

形态特征：小乔木，枝少刺或近于无刺，嫩叶及花芽暗紫红色，叶片厚纸质，卵形或椭圆形。单花腋生或少花簇生。果椭圆形或卵形，果皮厚，通常粗糙，柠檬黄色，果汁酸至甚酸，种子小，卵形，端尖；种皮平滑，子叶乳白色，通常单或兼有多胚。花期4~5月，果期9~11月。

产地及分布：中国长江以南地区有栽培，原产于东南亚，主要产地为美国、意大利、西班牙和希腊。

应用：柠檬富含维生素C，能化痰止咳，生津健胃。用于缓解支气管炎、百日咳、食欲不振、维生素缺乏、中暑烦渴等症状。

台湾香檬

黄金柠檬

斑叶粉红柠檬　　　　　　　　　　　胭脂红柠檬

仙都果 *Sandoricum koetjape* (Burm. f.) Merr.

别名：山陀儿，金钱果。

科属：楝科，仙都果属。

形态特征：树皮灰褐色，生长快，高度可达 15 m 左右，幼枝密生褐色茸毛。叶互生，三出复叶，具长柄，小叶卵状椭圆形，厚膜质，老叶变红在树上可持续很久后脱落。花黄白色，花瓣 5 枚，圆锥花序，腋生，春夏季开花。浆果球形或扁球形，有毛，果实成熟时淡棕色或金黄色，果肉白色。楝科植物果实一般较小且味苦难以食用，而仙都果果实却大而味甜可食。除去果皮后，一股淡淡的清香味特别诱人。

产地及分布：原产于东南亚、印度。我国海南有栽培。

应用：仙都果果肉可做成果酱、果冻、干果、饮料，亦可提取香料；仙都果还能药用，树皮纤维用于制作鱼线。中国科学院西双版纳热带植物园 2002 年从泰国引种，果实成熟时，硕大的金黄色果实十分醒目。

榴梿 *Durio zibethinus* L.

科属：锦葵科，榴梿属。

形态特征：巨型的热带常绿乔木，叶片长圆，顶端较尖，聚伞花序，花色淡黄，果实足球大小，果皮坚实，密生三角形刺，果肉是由假种皮的肉包组成，肉色淡黄，黏性多汁，是一种极具经济价值的水果。图中左下为猫山王榴梿，右下为彩虹榴梿。

产地及分布：原产于马来西亚。东南亚一些国家种植较多，其中以泰国最多。中国海南、广东也有种植。榴梿在泰国最负有盛名。

应用：榴梿是热带著名水果之一，被誉为"水果之王"。常见品种有彩虹榴梿（Rainbow Durian），金枕头榴梿（Golden Pillow Durian），猫山王榴梿（Musang King Durian D197）。

椰柿 *Quararibea cordata* (Bonpl.) Vischer

科属：锦葵科，瓜榄属。

形态特征：乔木，高可达10m以上，因果实的质感如椰子，形似柿子而得名。果实球形，外皮绿色，成熟后重约1kg，内为橙黄色，有哈密瓜的香气，味道清甜。幼苗期十分怕冷，国内引种成功者甚少，仅在我国海南琼海及台湾有少数果园有引种，极其小众，苗稀少，价格昂贵。

产地及分布：原产于南美洲哥伦比亚、巴西、玻利维亚等。

猴面包树 *Adansonia digitata* L.

别名: 波巴布树、猢狲木、酸瓠树。

科属: 锦葵科, 猴面包树属。

形态特征: 大型落叶乔木, 在雨季, 猴面包树在枝条上长出 3 至 7 片小叶组成的掌状复叶。花生近枝顶叶腋, 花梗密被柔毛。子房密被黄色的贴生柔毛; 花柱远远超出雄蕊管, 粗壮; 果长椭圆形, 下垂树干内部组织中贮水。

产地及分布: 分布于南非、博茨瓦纳、坦桑尼亚和马达加斯加等位于热带或亚热带非洲的国家。分布地局限于气候炎热、干燥的地区。我国海南有栽培。

可可 *Theobroma cacao* Linn.

科属：锦葵科，可可属。

形态特征：常绿乔木，高达 12m，树冠繁茂；树皮厚，暗灰褐色；叶具短柄，卵状长椭圆形至倒卵状长椭圆形；花排成聚伞花序，花的直径约 18mm；核果椭圆形或长椭圆形，表面初为淡绿色，后变为深黄色或近于红色，干燥后为褐色；植后 4 ~ 5 年开始结实，10 年以后收获量大增，到 40 ~ 50 年后则产量逐渐减少。

产地及分布：原产于美洲中部及南部，广泛栽培于全世界的热带地区。在中国海南和云南南部有栽培。可可喜生于温暖和湿润的气候和富于有机质的冲积土所形成的缓坡上，在排水不良和重黏土上或常受台风侵袭的地方则不适宜生长。

应用：可可的种子含有多种可药用的化学成分。也为制造可可粉和"巧克力糖"的主要原料。为世界上三大饮料植物之一。

大花可可 *Theobroma grandiflorum* (Willd. ex Sprengel) K.Schum.

别名：古布阿苏。

科属：锦葵科，可可属。

形态特征：果实通常在每年 1 ～ 4 月成熟，果实外表为椭圆形，黄褐色，果肉为白色，奶油状，气味混合了巧克力和菠萝，口感像梨和香蕉的结合体。

产地及分布：数个世纪以来，古布阿苏果是南美洲当地居民的食物之一，在哥伦比亚、玻利维亚、秘鲁和巴西北部的丛林里也有分布。2008 年其被巴西定为国果。我国海南有栽培。

番木瓜 *Carica papaya* Linn.

科属：番木瓜科，番木瓜属。

形态特征：常绿软木质小乔木，高可达 10m，具乳汁；叶大，聚生于茎顶端，近盾形，叶柄中空，花单性或两性，浆果肉质，成熟时橙黄色或黄色，长圆球形，果肉柔软多汁，味香甜；种子多数，卵球形，花果期全年。

产地及分布：原产于热带美洲。中国海南、福建南部、台湾、广东、广西、云南南部等地区已广泛栽培。广植于世界热带和较温暖的亚热带地区。

应用：番木瓜果实成熟可作水果，未成熟的果实可作蔬菜煮熟食或腌食，可加工成蜜饯、果汁、果酱、果脯及罐头等。种子可榨油。

火龙果 *Hylocereus undatus* 'Foo-Lon'

别名： 红龙果、青龙果、仙蜜果、量天尺。

科属： 仙人掌科，蛇鞭柱属。

形态特征： 攀缘肉质灌木，长3～15m，具气根。分枝多数，延伸，具3角或棱，棱常翅状，边缘波状或圆齿状，深绿色至淡蓝绿色，无毛，老枝边缘常胼胀状，淡褐色，骨质；小窠沿棱排列；每小窠具1～3根开展的硬刺；刺锥形，灰褐色至黑色。花漏斗状，于夜间开放；花托及花托筒密被淡绿色或黄绿色鳞片，鳞片卵状披针形至披针形；萼状花被片黄绿色，线形至线状披针形，先端渐尖，有短尖头，边缘全缘，通常反曲；瓣状花被片白色，长圆状倒披针形，先端急尖。浆果红色，果脐小。种子倒卵形，黑色，种脐小。花期7～12月。

产地及分布： 原产于中美洲的哥斯达黎加、危地马拉、巴拿马、厄瓜多尔等地。后传入越南、泰国等东南亚国家和中国的台湾，分布于中国大陆的海南、广西、广东、福建、云南等地区。

蛋黄果 *Pouteria campechiana* (Kunth) Baehni

科属：山榄科，桃榄属。

形态特征：小乔木，高约6m；小枝圆柱形，灰褐色，嫩枝被褐色短茸毛。叶坚纸质，狭椭圆形，两面无毛。花1（2）朵生于叶腋，花梗圆柱形，被褐色细茸毛；花萼裂片通常5，稀6～7，卵形或阔卵形；花冠较萼长，外面被黄白色细茸毛，花药心状椭圆形；退化雄蕊狭披针形至钻形，被白色极细茸毛；子房圆锥形，被黄褐色茸毛，5室，花柱圆柱形，无毛，柱头头状。果倒卵形，绿色转蛋黄色，无毛，外果皮极薄，中果皮肉质，肥厚，蛋黄色，可食，味如鸡蛋黄，故名蛋黄果；种子2～4枚，椭圆形，压扁，黄褐色，疤痕侧生，长圆形。花期春季，果期秋季。

产地及分布：海南、广东、广西、云南西双版纳有少量栽培。

美桃榄 *Pouteria sapota* (Jacq.) H. E. Moore et Stearn

别名：马梅、妈咪果。

科属：山榄科，桃榄属。

形态特征：乔木，在原产地是常吃的水果。果肉是微红色、柔软，味道类似于红薯、南瓜、蜂蜜、西梅、桃、哈密瓜、樱桃和杏仁的混合味。生长缓慢，从种子种植到结果需要 7 年时间。适合腐殖质多土壤种植。目前东南亚有引种栽培，国内也有少量引种。

产地及分布：原产于古巴、哥斯达黎加南部和墨西哥，今美国南部、加勒比海地区都有种植。我国海南有栽培。

人心果 *Manilkara zapota* (Linn.) van Royen

科属：山榄科，铁线子属。

形态特征：乔木，高 15～20m（栽培者常较矮，且常呈灌木状），小枝茶褐色。叶互生，密聚于枝顶，革质，长圆形或卵状椭圆形，两面无毛。花 1～2 朵生于枝顶叶腋；花梗密被黄褐色或锈色茸毛；花萼外轮 3 裂片长圆状卵形，内轮 3 裂片卵形，略短，外面密被黄褐色茸毛，内面仅沿边缘被茸毛；花冠白色，花冠裂片卵形，先端具不规则的细齿，背部两侧具 2 枚等大的花瓣状附属物；能育雄蕊着生于冠管的喉部，花丝丝状，基部加粗，花药长卵形；退化雄蕊花瓣状；子房圆锥形，密被黄褐色茸毛；花柱圆柱形，基部略加粗。浆果纺锤形、卵形或球形，长 4cm 以上，褐色，果肉黄褐色；种子扁。花果期 4～9 月。

产地及分布：原产于美洲热带地区，我国海南、广东、广西、云南（西双版纳）有栽培。

星苹果 *Chrysophyllum cainito* Linn.

别名：牛奶果。

科属：山榄科，星苹果属。

形态特征：乔木，高达 20m；小枝圆柱形，径 2.5 ～ 6mm，壳褐色至灰色，被锈色绢毛或无毛。叶散生，坚纸质，长圆形、卵形至倒卵形。花数朵簇生叶腋；花梗长 5 ～ 15mm，被锈色或灰色绢毛。果倒卵状球形，紫灰色，无毛，果皮厚达 1cm；种子 4 ～ 8 枚，倒卵形。

产地及分布：原产于加勒比海、西印度群岛，分布于热带美洲、东南亚国家等热带地区。20 世纪 60 ～ 70 年代从东南亚引入中国海南等地栽培。

应用：星苹果为热带果树；木材稍轻软，供家具等用。具有伞形树冠和正背面不同颜色的叶片，树形美观，适于作庭园观赏树或遮阴树。

神秘果 *Synsepalum dulcificum* (Schumach. & Thonn.) Daniell

科属：山榄科，神秘果属。

形态特征：多年生常绿灌木，树高 3 ~ 4.5 m，枝、茎灰褐色，枝条数量多，每簇有叶 5 ~ 7 片，叶互生，琵琶形或倒卵形，叶面青绿，叶背草绿，革质，叶脉羽状。神秘果开白色小花，单生或簇生于枝条叶腋间，柱头高于雄蕊。果实为单果着生，椭圆形。成熟时果鲜红色。每果具有 1 粒褐色种子，扁椭圆形。每年有 3 次盛花期。喜高温、高湿气候，有一定的耐寒耐旱能力。

产地及分布：原产于西非加纳、刚果一带。20 世纪 60 年代后，神秘果被引入中国海南、广东等地栽培。

应用：神秘果是常绿阔叶灌木，它的果实酸甜可口，吃后再吃其他的酸性食物，如柠檬、酸豆等，可转酸味为甜味，故有"神秘果"之称。

黑肉柿 *Diospyros nigra* (J.F.Gmel.) Perrier

别名：巧克力布丁果。

科属：柿科，柿属。

形态特征：乔木，高达 20m，胸高直径达 40cm，小枝灰色或黑棕色。叶薄革质或纸质，披针形或披针状椭圆形，叶柄细瘦，有短柔毛，上面有小槽。雄花簇生，或集成紧密短小的聚伞花序；花梗纤细而短。雌花单生；花萼裂片近卵形；花冠壶形；子房无毛；果球形鲜时绿色，干时黑色；种子三棱形，背较厚；果柄细，长约 3 mm。花期 7 ~ 12 月，果期 9 ~ 12 月。

产地及分布：原产于中美洲，中国海南西南部、广东有栽培；生于海拔 400m 以下低谷地、平地较湿润的阔叶混交林中。越南、菲律宾有分布。

应用：木材灰黑色，质硬而重，结构细致，颇耐腐，可作建筑、机械器具和家具等用材。

柿 *Diospyros kaki* Thunb.

科属：柿科，柿属。

形态特征：大乔木。通常高达 10～14m 以上，胸高直径达 65cm；树皮深灰色至灰黑色，或者黄灰褐色至褐色；树冠球形或长圆球形。枝开展，带绿色至褐色，无毛，散生纵裂的长圆形或狭长圆形皮孔；嫩枝初时有棱，有棕色柔毛或茸毛或无毛。叶纸质，卵状椭圆形至倒卵形或近圆形；叶柄长 8～20mm。花雌雄异株，花序腋生，为聚伞花序；花梗长约 3mm。果形有球形、扁球形等；种子褐色，椭圆状，侧扁；果柄粗壮，长 6～12mm。花期 5～6 月，果期 9～10 月。

产地及分布：原产于泰国。我国海南有栽培。

第七章

红树林湿地植物和海岸带植物生态系统考察

第一节　红树林湿地植物

红树林作为海岸带重要的生态系统类型，具有维持海岸生物多样性、防风固岸、促淤造陆等重要的生态功能，在气候变化和快速城市化背景下认识红树林受保护状况具有重要意义。

红树林是分布在热带或亚热带海岸以木本植物为主构成的重要湿地生态系统类型，具有维持海岸带生物多样性以及防风固岸、促淤造陆等重要生态功能。近一个世纪以来因受过度砍伐、养殖开发和建筑扩张等人类活动的影响，红树林发生了剧烈退化。红树林的退化进一步导致海岸生物多样性的丧失，进而危及海岸城市经济社会的可持续发展。因此红树林生态系统的保护是当前人们较为关注的话题。近年来我国红树林保护区建设得到快速发展。1980 年在东寨港建立第一个国家级红树林自然保护区，至今我国已建立的红树林保护区超过 32 个，自然保护区面积达到 975.61km^2。

本章以东寨港为例说明海南红树林的部分特征。东寨港位于海口市东北部与文昌市西北部之间，东寨港红树林自然保护区属湿地类型的自然保护区，属典型热带季风海洋性气候，年均气温 23.8℃，冷热适宜；年均降雨量 1700mm，雨季与非雨季划分明显；地形形似漏斗，属于溺谷型港湾，滩面平缓，略显阶梯状；水深大多在 4m 以内，土壤为淤泥质。

对东寨港湿地区域的植物物种组成、群落多样性以及湿地水体和土壤环境因子进行分析，旨在为东寨港湿地植物资源的保护、恢复和管理以及湿地景观资源的合理开发与利用提供有效科学数据。东寨港红树林湿地处于海南东北部地区，介于海口市和文昌市之间，归海口市美兰区管辖，地理坐标为 19° 51′ ~ 20° 01′ N，110° 32′ ~ 110° 37′ E。湿地总面积 3337.6hm^2，其中红树林面积 1578hm^2，含红树植物 19 科 36 种，占全国同类 97%，且多个树种被列为珍稀保护植物。湿地范围内的鸟类 200 多种，其中含有多种国家重要保护物种。

对叶榄李 *Laguncularia racemosa* (L.) Gaertn. f.

别名：拉关木、拉贡木、假红树、白红。

科属：使君子科，对叶榄李属。

形态特征：树干圆柱形，有指状呼吸根；茎干灰绿色；单叶对生，全缘，厚革质，长椭圆形。雌雄同株或异株，总状花序腋生；隐胎生果卵形或倒卵形。花期为 2～9 月，其中盛花期在 4 月下旬至 5 月，7～9 月仅偶有少量花。果实成熟期为 7～11 月，其中大熟期为 8～9 月中旬，10～11 月有少量果实成熟。

产地及分布：分布于海南、广西、广东、福建等地。

应用：对叶榄李是红树林造林先锋树种和速生树种，对中国东南沿海裸滩造林具有较高的推广价值，还可用于沿海生态景观林带种植。

海桑 *Sonneratia caseolaris* (Linn.) Engl.

科属： 千屈菜科，海桑属。

形态特征： 树干基部周围很多与水面垂直而高出水面的呼吸根。叶阔椭圆形、矩圆形至倒卵形。萼筒倒圆锥形、钟形或杯形，果实成熟时浅碟形；花瓣与花萼裂片同数。浆果扁球形，顶端有宿存的花柱基部；外种皮不延长。成熟的果实直径4～5cm。花期冬季，果期春夏季。花瓣线状披针形，暗红色，花丝上部白色，下部红色。

产地及分布： 产于广东、琼海、万宁、陵水，生于海边泥滩。海南有栽培。分布于东南亚热带至澳大利亚北部。模式标本采自马来西亚。

应用： 海桑果实酸甜可食，亦可作为提取果胶的原料；杯萼海桑多作建筑和造船用，果实可食用。

木果楝 *Xylocarpus granatum* Koenig

别名：海柚。

科属：楝科，木果楝属。

形态特征：乔木或灌木，高达5m；枝无毛，灰色，平滑。总轴与叶柄无毛，圆柱状；小叶通常4片，对生，近革质，椭圆形至倒卵状长圆形，先端圆形，两面均无毛，常呈苍白色；小叶柄极短，基部膨大。花组成疏散的聚伞花序，复组成圆锥花序，无毛，聚伞花序，顶端肉质，有条纹；子房每室有胚珠4颗，花柱近四角形，无毛，柱头盘状，约与雄蕊管等高。蒴果球形，具柄，有种子8～12颗；种子有棱。花果期4～11月。

产地及分布：分布于印度、越南、马来西亚和中国海南省。

应用：木果楝木材适为车辆、家具、农具、建筑等用材。

海马齿 *Sesuvium portulacastrum* (Linn.) Linn.

别名：滨马齿苋、滨水菜、滨苋、海马齿苋、猪母菜。

科属：番杏科，海马齿属。

形态特征：多年生肉质草本。茎平卧或匍匐，绿色或红色，有白色瘤状小点，多分枝，常节上生根。叶片厚，肉质，线状倒披针形或线形，顶端钝，中部以下渐狭成短柄状，子房卵圆形，无毛，花柱3，稀4或5。蒴果卵形，长不超过花被，中部以下环裂；种子小，亮黑色，卵形，顶端凸起。花期4～7月。

产地及分布：广布全球热带和亚热带，在中国分布于海南、福建、广东、广西、香港、台湾及东沙岛。

应用：有毒。是防风固沙、护岸的良好植物。

第二节　海岸带植物生态系统

　　海岸带生态系统是处于浅海与陆地交界区域的生态系统。这一区域的主要生产者是许多固着生长的大型多细胞藻类，如海带、裙带菜和紫菜等。它们固着在岩石等其他物体上，形成水下植被，有时也称海底森林。这些植物多为低矮草本、针状叶、铺地茎、深根、肉质茎等。多草本。相比高大的乔木等，草本植物更容易适应海岸带，更加经济，生存或繁殖所需要的水分和养分相对较少。

　　铺地植物，如厚藤 [Ipomoea pes-caprae (L.) Sweet]，旋花科，虎掌藤属。这类植物被海水潮汐反复侵蚀，部分根悬空，甚至还有部分植物由缺水或者台风等导致死亡。

针叶植物。如木麻黄（*Casuarina equisetifolia* J.R. Forst. & G. Forst.），木麻黄科，木麻黄属。

海底植物，如马尾藻 [*Sargassum natans* (L.)Gaillon]，马尾藻科，马尾藻属。

附录

植物学实习教学大纲

1. 课程中文名称（英文名称）：植物学实习（practice of botany）
2. 课程代码：J00164
3. 课程类别：
   □公共课程　　□学科基础课程　　□专业课程　　☑实践教学环节　　□其他
4. 实习周数：1周　　　　　　　　学分：1学分
5. 开课学院：热带作物学院
6. 适用专业：农学（普通班）、农学（卓越班）、植保（普通班）、植保（卓越班）
7. 先修课程：《植物学》

一、课程简介

　　植物学实习是农学、植物保护等专业的必修课，在课堂理论教学的基础上，让学生到城市公园、绿地或实验基地进行观摩学习，去农田调查常见农田杂草；让学生实践操作植物切片的制作流程，加深和巩固学生对基础理论知识的理解，培养学生发现问题、分析问题和解决问题的能力，培养学生的实践技能，为今后的工作奠定良好基础。

二、课程基本要求

　　（1）通过实习，使学生可以熟练地掌握植物检索的方法，学会运用工具书对不认识的植物进行识别、鉴定，提高对部分重要科、属的认识；
　　（2）通过实习，使学生掌握腊叶标本和植物切片的制作流程；
　　（3）通过实习，使学生认识校园、公园和景区的常见观赏植物、庭院树种和园林树木；了解红树林湿地与海岸防护林地植物及常见农田杂草种类、分布及危害。

三、课程教学基本内容

　　（1）植物检索（植物鉴定）；

（2）植物腊叶标本的制作；

（3）庭院树种、园林植物的识别；

（4）植物切片技术的制作流程；

（5）红树林湿地植物和海岸植物生态系统的考察学习；

（6）调查常见农田杂草。

四、课程教学方法与步骤（教学进度安排、场所安排）

1. 实习时间

（1）植物检索 0.5 天；

（2）植物腊叶标本和植物的切片的制作 0.5 天（讲解），制作能力在实习的过程中不断强化，需 2 ~ 3 周；

（3）校园植物的识别 0.5 天；

（4）白沙门植物的识别 0.5 天或金牛岭公园观赏植物的学习 0.5 天或红树林湿地植物和海岸植物生态系统的考察 1.0 天；

（5）调查常见农田杂草 0.5 ~ 1.0 天；

（6）实习总结 0.5 天。

2. 实习方式

（1）植物检索：由任课老师讲授植物检索所用工具书的使用方法，被检索植物应具备的特征，并带学生检索 1 ~ 2 种植物，由学生自己检索 3 ~ 5 种植物；

（2）植物腊叶标本的制作：由任课老师讲授植物腊叶标本的制作过程；然后，由学生利用 2 ~ 3 周的时间制作植物腊叶标本，并上台纸和贴标签再上交老师批改；

（3）植物的识别：由任课老师带队，到校园、白沙门公园、金牛岭公园以及红树林湿地和其他海岸防护林地和海甸校区或儋州校区周边农田，认识这些地方观赏植物、庭院树种和园林树木及红树林、海岸防护林地树种及调查常见农田杂草。

3. 实习单位或场所

（1）在海甸校区实验室进行植物检索和植物腊叶标本制作以及植物切片技术实习；

（2）在海甸校园、白沙门公园、凤祥国家湿地公园、人民公园或金牛岭公园进行识别植物实习；

（3）万绿园红树林地及其附近的海岸防护林地；

（4）海甸校区或儋州校区周边农田调查常见农田杂草。

4. 实习进度安排

（1）第 1 天上午进行实习安全培训，植物检索；下午进行植物切片技术；

（2）第 2 天进行校园植物的识别与植物腊叶标本的制作；

（3）第3~4天进行白沙门公园或金牛岭公园植物识别实习或者到红树林湿地、海岸防护林地、凤祥国家湿地公园或人民公园进行植物识别实习；

（4）第5天调查常见农田杂草；查阅资料并撰写实习总结报告。

5. 实习组织领导、纪律与注意事项、师生安全保障措施

实习前，召开全班同学动员会，对全班同学进行组织性和纪律性教育，每个同学都要自觉遵守纪律，要有集体观念。要求每个学生都必须按照本教学大纲的要求认真完成实习工作，除特殊情况外，不允许迟到、早退、请假、缺席。认真做好实习记录。所有学生必须严格服从指导老师的安排，注意安全。

五、实习报告要求

要求每个同学必须做好实习记录和上交实习总结报告，报告内容可以包括如下几方面：①对实习内容掌握程度；②对校园、白沙门公园、金牛岭公园、凤祥国家湿地公园或人民公园以及红树林湿地、海岸防护林地及周边农田等不同地方植物识别的实习记录；③实习（教学）尚需完善的地方；④实习的感想及心得。

六、考核方式与成绩评定标准

实习结束2周内，每个学生必须向指导老师提交实习报告和实习记录，3周内上交植物腊叶标本。考核方式以实习报告、植物腊叶标本和实习记录为主，结合实习指导老师根据实习过程的考勤记录打分，成绩分优、良、中、及格和不及格五种等级。

七、教材及主要参考资料

参考教材：

[1] 陈惠萍 . 植物学实验 . 北京：中国农业大学出版社，2006.

参考书目：

[1] 中国科学院植物研究所 . 中国高等植物科属检索表 . 北京：科学出版社，1979.

[2] 中国科学院植物研究所 . 中国高等植物图鉴 1-5 册 . 北京：科学出版社，1972.

[3] 中国科学院华南植物研究所 . 海南植物志 1-4 册 . 北京：科学出版社，1964.

参考文献

曹申林，2021.农田杂草的生物学特性及防治技术.现代农业科技，7：111-112.

方精云，王襄平，沈泽昊，等，2009.植物群落清查的主要内容、方法和技术规范.生物多样性，17（6）：533-548.

何荣晓，杨帆，闫蓬勃，等，2019.城市土地利用对植物多样性的影响——以海口市为例.中国城市林业，17（4）：12-17.

黄玥，陈玉，何宇娟，等，2019.社会经济因素对上海市居住区植物多样性的影响.应用生态学报，30（10）：3403-3410.

李锋，王如松，赵丹，2014.基于生态系统服务的城市生态基础设施：现状、问题与展望.生态学报，34：190-200.

李景原，谷艳芳，1998.生物制片原理与技术.开封：河南大学出版社，88-102.

李正理，1987.植物制片技术.北京：科学出版社，129-137.

林加涵，魏文玲，彭宣宪，2000.现代生物学实验（上册）.北京：高等教育出版社，70-99.

袁浪兴，史佑海，成夏岚，等，2017.海口马鞍岭火山口地区维管植物的多样性.生物多样性，10：49-58.

赵娟娟，欧阳志云，郑华，等，2010.北京建成区外来植物的种类构成.生物多样性，18（1）：19-28.

Alberti M, 2005. The effects of urban patterns on ecosystem function. International Regional Science Review, 28（2）: 168-192.

Cavender-Bares J, Padullés Cubino J, et al., 2020. Horticultural availability and homeowner preferences drive plant diversity and composition in urban yards. Ecological Applications, 30（4）.

Grimm N B, Faeth S H, Golubiewski N E, et al., 2008. Global change and the ecology of cities. Science, 319（5864）: 756-760.

Guo L Y, Nizamani M M, Harris A J, et al., 2022. Socio-Ecological Effects on the Patterns of Non-native Plant Distributions on Hainan Island. Frontiers in Ecology and Evolution, 10: 838591.

Hobbie S E, Grimm N B, 2020. Nature-based approaches to managing climate change impacts in cities. Philosophical Transactions of the Royal Society B, 375（1794）: 20190124.

Hope D, Gries C, Zhu W, et al., 2003. Socioeconomics drive urban plant diversity. Proceedings of the national academy of sciences, 100（15）: 8788-8792.

Wang H F, Qureshi S, Knapp S, et al., 2015a. A basic assessment of residential plant diversity and its ecosystem services and disservices in Beijing, China. Applied

Geography, 64: 121-131.

Wang H F, López-Pujol J, 2015b. Urban green spaces and plant diversity at different spatial-temporal scales, A case study from Beijing, China, Collectanea Botanica, 34: e008.

Wang H F, Qureshi S, Qureshi B A, et al., 2016. A multivariate analysis integrating ecological, socioeconomic and physical characteristics to investigate urban forest cover and plant diversity in Beijing, China. Ecological Indicators, 60: 921-929.

Zhu Z X, Pei H P, Schamp B S, et al., 2019a. Land cover and plant diversity in tropical coastal urban Haikou, China. Urban Forestry and Urban Greening, 44: 126395.

Zhu Z X, Roeder M, Xie J, et al., 2019b. Plant taxonomic richness and phylogenetic diversity across different cities in China. Urban Forestry and Urban Greening, 39: 55-66.

Zou H, Wang X, 2021. Progress and Gaps in Research on Urban Green Space Morphology: A Review. Sustainability, 13.

索 引

科名排序参考 APG Ⅳ。

科	科的拉丁学名	物种	物种的拉丁学名	页码
胡椒科	Piperaceae	假蒟	*Piper sarmentosum* Roxb.	021
番荔枝科	Annonaceae	番荔枝	*Annona squamosa* L.	123
天南星科	Araceae	海芋	*Alocasiaodora* (Roxburgh) K.Koch	022
露兜树科	Pandanaceae	露兜树	*Pandanus tectorius* Parkinson	023
天门冬科	Asparagaceae	海南龙血树	*Dracaena cambodiana* Pierre ex Gagnep.	024
		剑麻	*Agave sisalana* Perr.exEngelm.	025
		朱蕉	*Cordyline fruticosa* (Linn) A. Chevalier	026
棕榈科	Arecaceae	霸王棕	*Bismarckia nobilis* Hildebr. & H.Wendl.	027
		大王椰	*Roystonea regia* (Kunth) O.F.Cook	028
		狐尾椰子	*Wodyetia bifurcata*	029
		江边刺葵	*Phoenix roebelenii* O'Brien	030
		林刺葵	*Phoenix sylvestris* Roxb.	031
		鱼尾葵	*Caryota maxima* BlumeexMartius	032
		糖棕	*Borassus flabellifer* L.	033
		棕竹	*Rhapis excelsa*	034
		槟榔	*Areca catechu* Linn.	124
		椰子	*Cocos nucifera* Linn.	125
芭蕉科	Musaceae	香蕉	*Musa nana* Lour.	126
姜科	Zingiberaceae	海南山姜	*Alpinia hainanensis* K.Schum.	035
		红豆蔻	*Alpinia galanga* (L.) Willd.	036
		花叶艳山姜	*Alpinia zerumbet* 'Variegata'	037
莎草科	Cyperaceae	香附子	*Cyperus rotundus* Linn.	101
禾本科	Poaceae	白茅	*Imperata cylindrica* (Linnaeus) Raeuschel	102
豆科	Fabaceae	大叶相思	*Acacia auriculiformis* A.Cunn. ex Benth.	038
		台湾相思	*Acacia confusa* Merr	039
		宫粉羊蹄甲	*Bauhinia variegata* Linn.	040
		凤凰木	*Delonix regia* (Boj.) Raf.	041
		鸡冠刺桐	*Erythrina crista ~ galli* Linn.	042

科	科的拉丁学名	物种	物种的拉丁学名	页码
豆科	Fabaceae	紫檀	*Pterocarpus indicus* Willd.	043
		朱缨花	*Calliandra haematocephala* Hassk.	044
		黄槐决明	*Senna surattensis* (N.L. Burman) H.S.Irwin & Barneby	045
		食用印加树	*Inga edulis* Mart.	127
桑科	Moraceae	波罗蜜	*Artocarpus heterophyllus* Lam.	046
		面包树	*Artocarpus altilis* (Parkinson) Fosberg	047
		高山榕	*Ficus altissima* Bl.	048
		榕树	*Ficus microcarpa* L.f.	049
		斜叶榕	*Ficus tinctoria* subsp. *gibbosa* (Bl.) Corner	050
		对叶榕	*Ficus hispida* L.f.	051
		垂叶榕	*Ficus benjamina* Linn.	052
		琴叶榕	*Ficus pandurate* Hance	053
		黄葛树	*Ficus virens* Aiton	054
		菩提树	*Ficus religiosa* L.	055
		印度榕	*Ficus elastica* Roxb.ex Hornem.	056
木麻黄科	Casuarinaceae	木麻黄	*Casuarina equisetifolia* J.R.Forst.&G.Forst.	057
葫芦科	Cucurbitaceae	马𤓸儿	*Zehneria japonica* (Thunb.) H.Y. Liu	103
酢浆草科	Oxalidaceae	阳桃	*Averrhoa carambola* L.	058
大戟科	Euphorbiaceae	木薯	*Manihot esculenta* Crantz	059
		红背桂	*Excoecaria cochinchinensis* Lour.	060
		变叶木	*Codiaeum variegatum* (L.) A. Juss.	061
叶下珠科	Phyllanthaceae	木奶果	*Baccaurea ramiflora* Lour.	128
		五月茶	*Antidesma bunius* (L.) Spreng.	062
		秋枫	*Bischofia javanica* Bl.	063
		叶下珠	*Phyllanthus urinaria* L.	104
金虎尾科	Malpighiaceae	豆沙果	*Bunchosia armeniaca* DC.	129
西番莲科	Passifloraceae	大果西番莲	*Passiflora quadrangularis* Linn.	130
		巨无霸百香果	*Passiflora edulis* Sims	131
杨柳科	Salicaceae	斯里兰卡天料木	*Homalium ceylanicum* (Gardner) Benth.	064
藤黄科	Guttiferae	岭南山竹子	*Garcinia oblongifolia* Champ.ex Benth.	065

科	科的拉丁学名	物种	物种的拉丁学名	页码
藤黄科	Guttiferae	墨西哥山竹	*Garcinia rheedei* Pierre	132
		黄金山竹	*Garcinia humilis* (Vahl) C.D.Adams	133
使君子科	Combretaceae	榄仁	*Terminalia catappa* Linn.	066
		使君子	*Quisqualis indica* L.	067
		对叶榄李	*Laguncularia racemosa* (L.) Gaertn. f.	166
千屈菜科	Lythraceae	大花紫薇	*Lagerstroemia speciosa* (Linn.) Pers.	068
		海桑	*Sonneratia caseolaris* (Linn.) Engl.	167
桃金娘科	Myrtaceae	番石榴	*Psidium guajava* Linn.	134
		乌墨	*Syzygium cumini* (Linnaeus) Skeels	069
		洋蒲桃	*Syzygium samarangense* (Bl.) Merr. et Perry	135
		长果番樱桃	*Eugenia aggregata* (Vell.) Kiaersk nom. illeg.	136
		大果番樱桃	*Eugenia stipitata* McVaugh	137
		红粉伊人树葡萄	*Plinia phitrantha* (Kiaersk.) Sobral	138
橄榄科	Burseraceae	梨榄	*Dacryodes edulis* (G.Don) H.J.Lam	139
漆树科	Anacardiaceae	香椰芒	*Spondias mombim* L.	140
		南洋橄榄	*Spondias dulcis* Parkinson	141
		枇杷杧果	*Bouea macrophylla* Griff.	142
		杧果	*Mangifera indica* Linn.	143
无患子科	Sapindaceae	龙眼	*Dimocarpus longan* Lour.	144
芸香科	Rutaceae	指橙	*Microcitrus australasica* (F. Muell.) Swingle	145
		柑橘	*Citrus reticulata* Blanco	146
		柚	*Citrus maxima* (Burm) Merr.	147
		香肉果	*Casimiroa edulis* La Llave	148
		柠檬	*Citrus × limon* (L.) Osbeck	149
楝科	Meliaceae	大叶桃花心木	*Swietenia macrophylla* King	070
		仙都果	*Sandoricum koetjape* (Burm. f.) Merr.	150
		木果楝	*Xylocarpus granatum* Koenig	168
文定果科	Muntingiaceae	文定果	*Muntingia calabura* Linn.	071
锦葵科	Malvaceae	木棉	*Bombax ceiba* L.	072
		美丽异木棉	*Ceiba speciosa* (A.St. ～ Hil.) Ravenna	073

科	科的拉丁学名	物种	物种的拉丁学名	页码
锦葵科	Malvaceae	瓜栗	*Pachira aquatica* Au.	074
		假苹婆	*Sterculia lanceolata* Cav.	075
		黄槿	*Hibiscus tiliaceus* Linn.	076
		榴梿	*Durio zibethinus* L.	151
		椰柿	*Quararibea cordata* (Bonpl.) Vischer	152
		猴面包树	*Adansonia digitata* L.	153
		可可	*Theobroma cacao* Linn.	154
		大花可可	*Theobroma grandiflorum* (Willd. ex Sprengel) K.Schum.	155
瑞香科	Thymelaeaceae	土沉香	*Aquilaria sinensis* (Lour.) Spreng	077
番木瓜科	Caricaceae	番木瓜	*Carica papaya* Linn.	156
蓼科	Polygonaceae	火炭母	*Persicaria chinensis* (L.)H.Gross	105
苋科	Amaranthaceae	土牛膝	*Achyranthes aspera* Linn.	106
		莲子草	*Alternanthera sessilis* (Linnaeus) R. Brown ex Candolle	107
番杏科	Aizoaceae	海马齿	*Sesuvium portulacastrum* (Linn.) Linn.	169
紫茉莉科	Nyctaginaceae	叶子花	*Bougainvillea spectabilis* Willd.	078
仙人掌科	Cactaceae	火龙果	*Hylocereus undatus* 'Foo-Lon'	157
山榄科	Sapotaceae	蛋黄果	*Pouteria campechiana* (Kunth) Baehni	158
		人心果	*Manilkara zapota* (Linn.) van Royen	160
		星苹果	*Chrysophyllum cainito* Linn.	161
		美桃榄	*Pouteria sapota* (Jacq.) H. E. Moore et Stearn	159
		神秘果	*Synsepalum dulcificum* (Schumach. & Thonn.) Daniell	162
柿科	Ebenaceae	黑肉柿	*Diospyros nigra* (J.F.Gmel.) Perrier	163
		柿	*Diospyros kaki* Thunb.	164
茜草科	Rubiaceae	丰花草	*Spermacoce pusilla* Wall.	108
		长隔木	*Hamelia patens* Jacq.	079
		鸡屎藤	*Paederia foetida* Linn.	109
		墨苜蓿	*Richardia scabra* Linn.	110
		龙船花	*Ixora chinensis* Lam.	080
		海滨木巴戟	*Morinda citrifolia* L.	081
龙胆科	Gentianaceae	灰莉	*Fagraea ceilanica* Thunb.	082

科	科的拉丁学名	物种	物种的拉丁学名	页码
夹竹桃科	Apocynaceae	黄蝉	*Allamanda schottii* Pohl	083
		糖胶树	*Alstonia scholaris* (Linn.) R.Br.	084
		长春花	*Alstonia scholaris* (Linn.) R.Br.	085
		鸡蛋花	*Plumeria rubra* 'Acutifolia'	086
		夹竹桃	*Nerium oleander* L.	087
紫草科	Boraginaceae	基及树	*Carmona microphylla* (lam.) G. Don	088
茄科	Solanaceae	少花龙葵	*Solanum americanum* Mill.	111
		水茄	*Solanum torvum* Swartz	112
爵床科	Acanthaceae	黄脉爵床	*Sanchezia nobilis* Hook.f.	089
		蓝花草	*Ruellia simplex* C. Wright	090
紫葳科	Bignoniaceae	火焰树	*Spathodea campanulata* Beauv.	091
马鞭草科	Verbenaceae	马缨丹	*Lantana camara* Linn.	092
		花叶假连翘	*Duranta erecta* 'Variegata'	093
草海桐科	Goodeniaceae	草海桐	*Scaevola taccada* (Gaertner) Roxburgh	094
菊科	Asteraceae	藿香蓟	*Ageratum conyzoides* Sieber ex Steud.	113
		鬼针草	*Bidens pilosa* Linn	114
		鳢肠	*Eclipta prostrata* (Linn.) Linn.	115
		南美蟛蜞菊	*Sphagneticola trilobata* (L.) Pruski	095
		金腰箭	*Synedrella nodiflora* (L.) Gaertn.	116
		羽芒菊	*Tridax procumbens* Linn.	117
		夜香牛	*Cyanthillium cinereum* (L.) H. Rob.	118
忍冬科	Caprifoliaceae	华南忍冬	*Lonicera confusa* (Sweet) DC.	096
五加科	Araliaceae	澳洲鸭脚木	*Heptapleurum actinophyllum* (Endl.) Lowry & G.M.Plunkett	097
		鹅掌藤	*Heptapleurum arboricola* Hayata	098